U0023247

簡單又療癒！

角落小夥伴の

可愛刺繡日常

原寸繡圖 × 快速上手 × 生活小物

繡出自己專屬的角落小夥伴！

※ 本頁圖案繡法請參照 P.35

とんかつ

角落小夥伴是什麼？

搭電車時一定會在不起眼的角落裡發現角落小夥伴，
不知為何，總是喜歡窩在房間的小角落，
大家有想過，為什麼待在角落就能感到安心放鬆嗎？

本書中收錄眾多喜歡待在小角落的「角落小夥伴」，
怕冷也怕生的白熊、害羞又膽小的貓，
因為太油膩總是被留下不吃的炸豬排……等等，
角落小夥伴們不僅外型可愛，還有天馬行空的故事，
以及角色設定等，都是其魅力之處。

本書中的角落小夥伴都可以使用刺繡製作。
有只需要單色繡線描繪輪廓即可完成的簡單圖案，
也有需要多種不同顏色，仔細將圖案填滿的各式各樣設計，
因此不論是平常就有在刺繡的手作人，
或是因為喜歡角落小夥伴而想開始刺繡的新手，
都歡迎一起來嘗試和體驗刺繡的樂趣！

※ 本頁圖案繡法請參照 P.36

Contents

創作者簡介

uzum

以花、鳥等大自然題材為主體進行刺繡創作，作品優雅又讓人感覺充滿溫度。

Instagram：uzumumumu

田丸 kaori

文化服裝學院畢業後，學習法式刺繡及日式刺繡。除了向手工藝雜誌提供作品，也製作服飾、布製小物等縫紉作品。

Instagram：prune_kaori

日方 Staff

編輯：柳花香　安彥友美

作法校閱：三城洋子

書籍設計：牧陽子

攝影：腰塚良彥　島田佳奈

描圖：白井郁美

角落小夥伴角色介紹

雖然個性內向又害羞，不過所有角落小夥伴的性格都極具特色，本篇將一一介紹角落小夥伴，讓大家了解每一個角色的故事，可以挑選自己喜歡的角落小夥伴，製作時絕對會樂趣加倍！

白熊

從北方逃跑出來的熊，怕冷又怕生。

企鵝？

以前頭上好像頂著一個碟子，所以對於自己是不是企鵝不太有把握。

貓

個性害羞、怯弱，經常讓出自己原本安心待著的角落給其他小夥伴。

炸豬排

炸豬排最邊邊的一塊，因為有點油膩，經常被吃剩下。

蜥蜴

其實是倖存的恐龍，因為怕被抓，所以偽裝成蜥蜴，對其他小夥伴也緊守着祕密。

炸蝦尾

因為太硬而被吃剩下來，跟炸豬排是心意相通的好朋友。

裹布

白熊的行李。用於放在角落占位子，或是會冷的時候。

雜草

是一叢擁有夢想又積極的小雜草。希望有一天能在嚮往的花店裡被做成花束。

P.4 刺繡方法 → P.37
P.5 刺繡方法 → P.38

飛塵

經常聚集在角落，無憂無慮的一群角落小小夥伴。

幽靈

心地善良，因為不想嚇人，所以總是躲起來。

粉圓

由於不好吸食而被放棄的粉圓，個性彆扭。

黑色粉圓

比起其他粉圓，個性更加彆扭。

麻雀

普通的麻雀，會啄食炸豬排。

偽蝸牛

其實是背著外殼的蛞蝓，對於自己說謊感到十分內疚。

白熊

喝著熱茶，或蓋著裹布睡覺，
書中收錄了許多怕冷模樣的白熊圖案♪
一針一線，一起來開心地享受刺繡之樂吧。

zz...

設計--→ uzum
刺繡方法--→ P.39

企鵝？

企鵝？喜歡小黃瓜、看書和音樂。
只需要勾勒出線條就能完成，
從簡單的圖案開始挑戰看看吧！

設計 → uzum
刺繡方法 → P.40

炸豬排

厚實蓬鬆的外皮是炸豬排的特點。
有時頭上頂著黃芥末醬，或抱著沾醬，
書中好多圖案都讓人會心一笑。

からし

設計-->田丸 kaori
刺繡方法--> P.41

貓

喜愛享受悠閒時光又愛吃的貓。
在線條輪廓內加入色彩，
讓身體的紋路更清晰，可愛程度也倍增！

設計→田丸 kaori
刺繡方法→P.42

蜥蜴

雖然名為「蜥蜴」，
但其實是一種住在海裡的恐龍。
隨時擔憂自己的真實身分被拆穿，
所以有點膽怯。愛擺Pose定格是其特點。

設計 田丸kaori
刺繡方法 P.43

角落小小夥伴

角落小夥伴的小小夥伴們「角落小小夥伴」，
一口氣全部登場！
可以繡製完整的圖案，
也非常推薦選出小部分圖案做為點綴。

設計 ⋯› uzum
刺繡方法 ⋯› P.44

角落小夥伴大集合！

本篇介紹所有的角落小夥伴
開心和樂地擠在一團的圖案。
不管哪一個圖案都只需要幾個顏色就能簡單完成，
請一定要挑戰看看！

角落小夥伴頭頂都有
一隻角落小小夥伴
超級可愛！

設計→uzum　刺繡方法→P.45

大家疊在一起
就會想要
進入休眠模式～

設計→田丸 kaori
刺繡方法→P.46

角落小夥伴的故事

此單元將角落小夥伴各自的故事與回憶，
製作成刺繡圖案。
刺繡時也可以一邊回想角落小夥伴們的故事，
能讓作品更生動有趣！

蜥蜴與母親

設計→uzum

P.14 刺繡方法→P.47
P.15 刺繡方法→P.48

蜥蜴隱藏著一個祕密，其實蜥蜴是倖存的恐龍。
有一天角落小夥伴間流傳著「角落湖裡出現恐龍水怪?!」的傳聞。
難道那就是蜥蜴心心念念一直想見到的母親嗎?!
這是蜥蜴與母親重逢的故事。

暖烘烘貓日和

設計--→ uzum
刺繡方法--→ P.49

怕冷的白熊憧憬總是看來暖烘烘的貓……
於是邀請角落小夥伴們一起穿上貓咪裝，變身！
在繡這些圖案的同時，
心裡也被這些小傢伙軟綿綿的表情療癒了。

角落小夥伴的便當 要吃光光哦！

設計 → uzum

刺繡方法 → P.50

角落小夥伴開始做便當了！
變成蛋包飯的白熊、忍不住偷吃的蜥蜴等等，
這些可愛的模樣都非常適合繡在餐袋等相關用品上，
快來試試看吧。

有一天，白熊與在北方時期的朋友「企鵝（真正的）」偶然相遇。
企鵝（真正的）與其他角落小夥伴也一起度過了愉快時光。

企鵝（真正的）

ぺち
ぺち

設計　田丸 kaori
刺繡方法　P.51

一本正經認真學習的角落小夥伴
是不是很稀有！非常適合繡在筆
袋或書袋上做裝飾哦。

角落小夥伴
讀書趣

設計-->田丸 kaori
刺繡方法--> P.52

角落小夥伴的麵包教室

角落小夥伴看了傳單後一起前往「角落麵包屋」學習做麵包。「麵包店長」教導大家如何製作麵團及烘焙……看著角落小夥伴動手做麵包的模樣，是不是很療癒呢～

麵包店長

設計-->田丸 kaori
刺繡方法--> P.53

在手帕、T恤等等，每天經常使用的日常小物上

製作角落小夥伴的
刺繡吧！

圖案設計 & 製作--> uzum

繡圖--> **1** P.39
2 P.40

手帕

在素色手帕上繡一個圖案做裝飾。
區分顏色搭配不同的角落小夥伴，
能更突顯個性，非常推薦！

※ 這裡使用一般市售的手帕來製作（尺寸約 35cm × 35cm）

3
4

圖案設計 & 製作-->田丸 kaori

製作方法--> 3 P.54
4 P.56

波奇包

在簡單樸素的方形波奇包
繡上貓和炸豬排，
袋子瞬間變得可愛無比。
每次從包包裡拿出來時，
感覺內心都要融化了。

T 恤

在市售的T恤
繡上喜歡的角落小夥伴,
就是一件獨創的單品T恤了!
也可以繡在孩子的衣服上,
搖身一變為令人稱羨的限定服飾。

圖案設計 & 製作--→田丸 kaori
繡圖--→ P.43

圖案設計 & 製作--→ uzum
製作方法--→ P.58

面紙袋

把出門需要隨身攜帶的面紙
放進又萌又可愛的袋子吧!
背面也繡有一個角落小小夥伴,
是款極具玩心的設計。

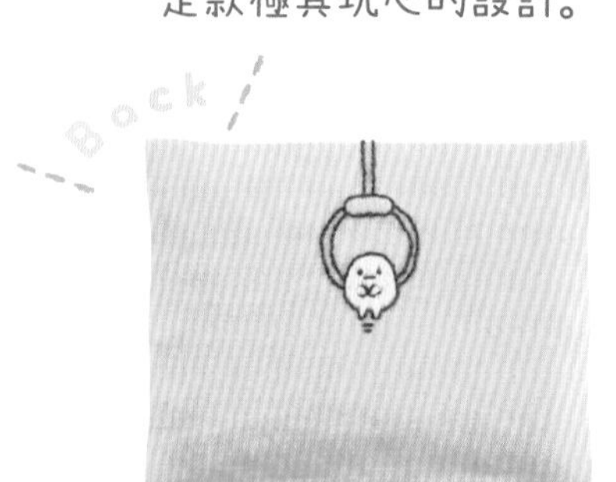
Back

書袋

口袋部分繡上白熊和飛塵的書袋。
在孩子的學習用品，
或是每天上學會使用到的用品上，
試著製作一個看看吧！

7
COLLINS

圖案設計 & 製作--➔田丸 kaori
製作方法--➔ P.60

8

繡布畫框＆布製書套

繡布畫框是將繡好的刺繡作品，
直接連同刺繡框掛起來做裝飾，輕鬆又簡單！
布製書套則在橘色布料上做刺繡，
將正在做日光浴的角落小夥伴繡上吧。

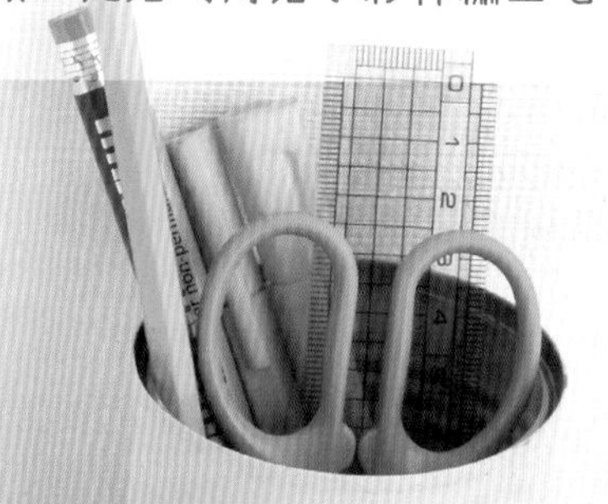

圖案設計＆製作-->田丸 kaori
繡圖--> P.34
※ 刺繡框的尺寸直徑約 15cm

9

圖案設計＆製作--> uzum
製作方法--> P.62

杯墊

和可愛的杯墊共度愉快的午茶時光。
將杯子擺放上去，
就能感覺到蜥蜴在回眸偷看你，
真是又萌又可愛～

圖案設計 & 製作-->田丸 kaori
製作方法--> P.64

10

11
LUNCH TIME MATE

便當包巾

直接在市售的便當包巾上做刺繡，
可愛的作品便完成。
選擇食物主題的圖案
更能增添用餐氛圍哦。

※ 包巾尺寸約44cm × 44cm

圖案設計 & 製作--> uzum
繡圖--> P.50

刺繡的材料與工具

布

使用純棉或麻的平織布料。

繡線

使用 25 號繡線。

複寫圖案時需使用的工具

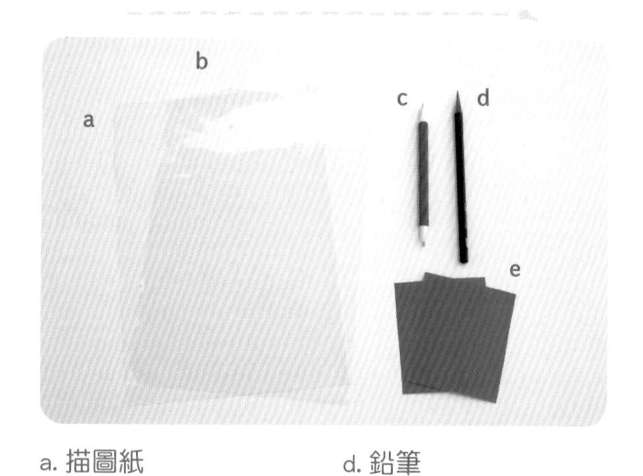

a
b
c
d
e

a. 描圖紙
b. 玻璃紙
c. 鐵筆
d. 鉛筆
e. 布用複寫紙

刺繡時需使用的工具

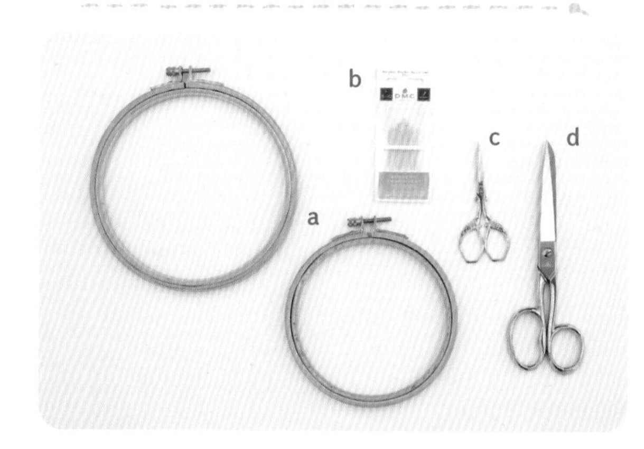

a
b
c
d

a. 刺繡框
b. 刺繡針
c. 線用剪刀
d. 布用剪刀

※ 本書中使用的繡線及刺繡工具皆為 DMC 的產品

繡線的使用方法

本書中的圖案全部都使用「25 號繡線」，請從一束 6 股的線束中，抽取出需要的股數進行刺繡。

25 號繡線的取用方式（取 2 股線時）

拉出線頭
裁剪成方便使用的長度
6股線為一束的繡線
從整束中抽取
一股一股地耐心抽取
取2股線
刺繡針

圖案的複寫方法

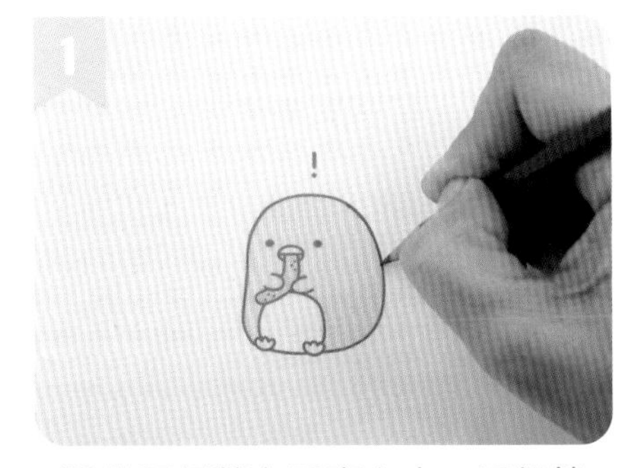
1

將描圖紙蓋在圖案上方，用鉛筆描畫複寫圖案。

2

複寫好的樣子。

3

將布料的正面朝上擺放，布用複寫紙有顏色的一面朝下重疊上去。然後在上方放置複寫好圖案的描圖紙。

4

將玻璃紙覆蓋於其上，以鐵筆描畫線條。

5

在布料上複寫好圖案的樣子。

P.7 企鵝？的繡法

繡輪廓線

※ 繡線的起始及收尾方式請參照 P.31

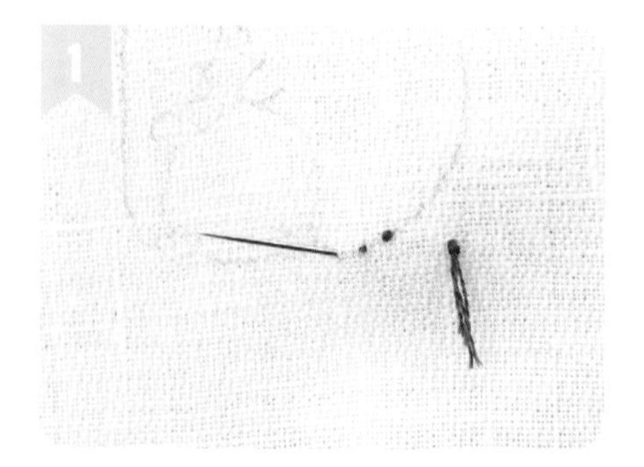
1

在繡線末端打結，從靠近圖案的一處入針，在圖案輪廓線上先繡 2 ～ 3 小針，接著從開始做回針繡的位置出針。

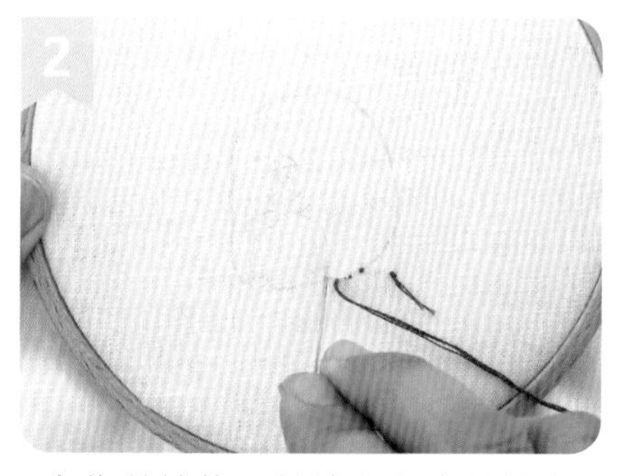
2

在先前繡的小針線段上方開始進行回針繡（請參照 P.33）。

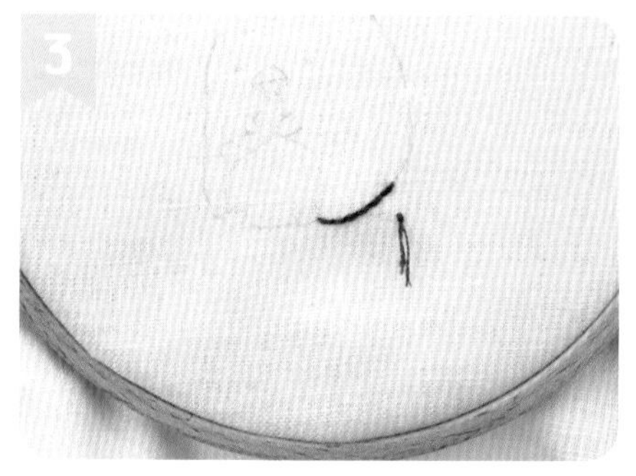
3

用回針繡固定先前繡的小針線段。

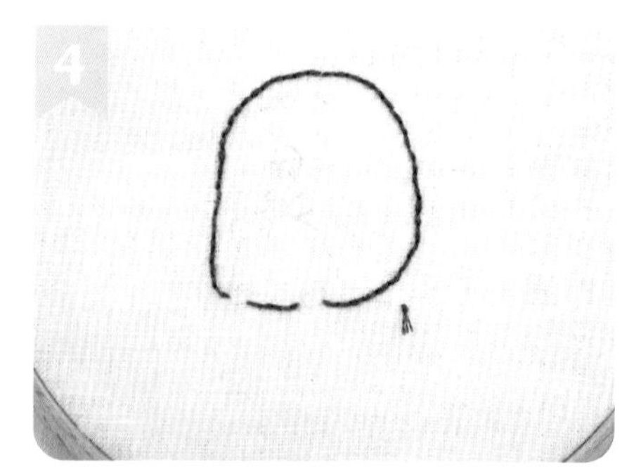
4

繡好輪廓線的樣子。

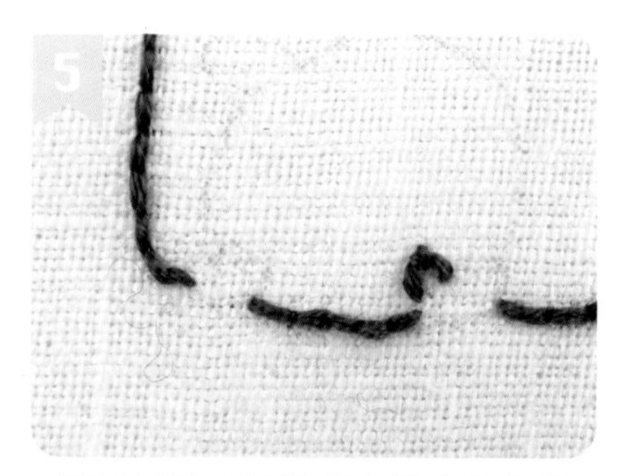
5

腳丫以飛鳥繡變形來繡（請參照 P.33）。

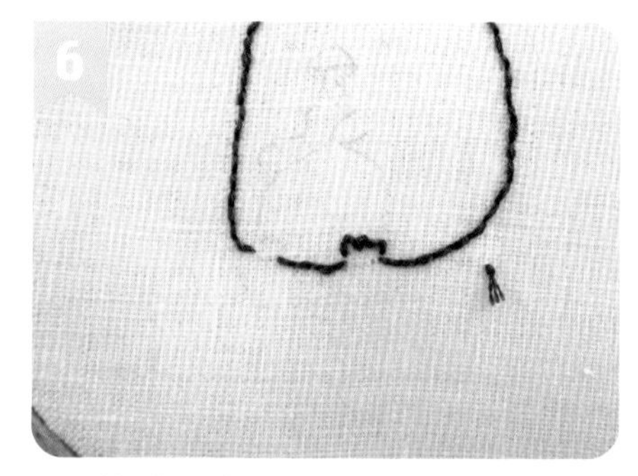
6

並排繡 3 次，鋸齒狀的腳丫就完成了。

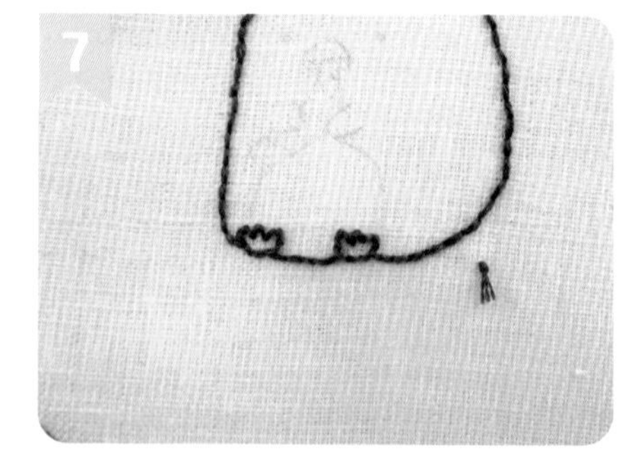
7

腳的下方做回針繡。

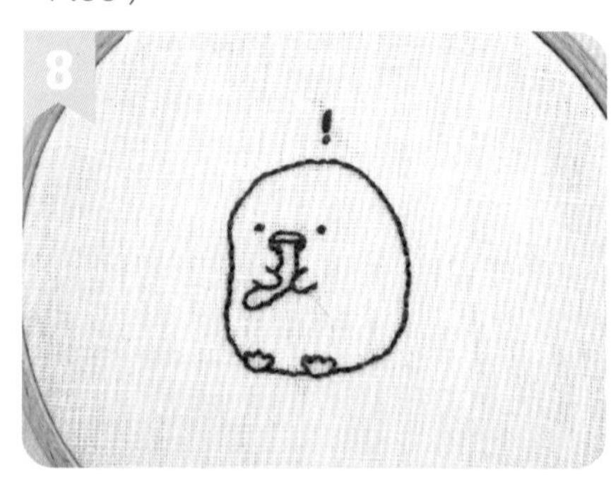
8

輪廓線裡面做回針繡，驚嘆號則以緞面繡來繡。

戳

繡線的起始及收尾方式

※ 以回針繡為例做說明

收尾

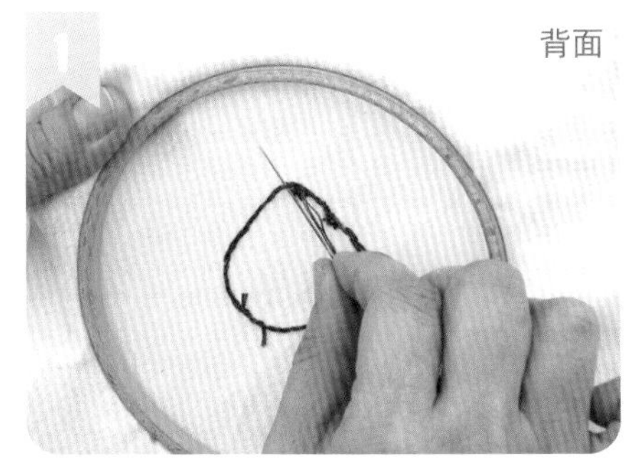
背面

圖案繡好後，將線穿到布料背面，接著在圖案的繡線上纏繞。

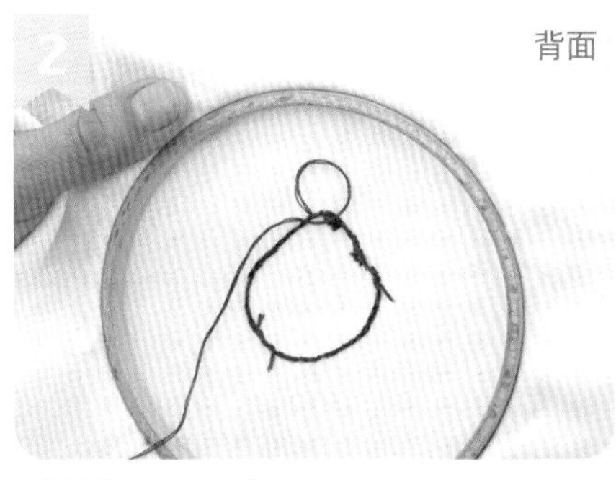
背面

纏繞 2 ～ 3 次。

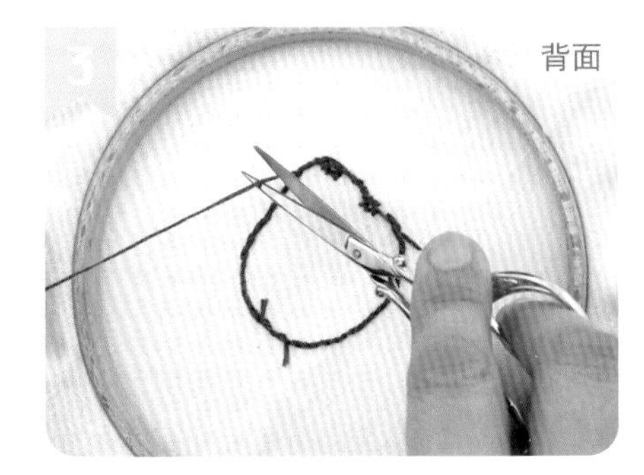
背面

將線剪斷。

起始

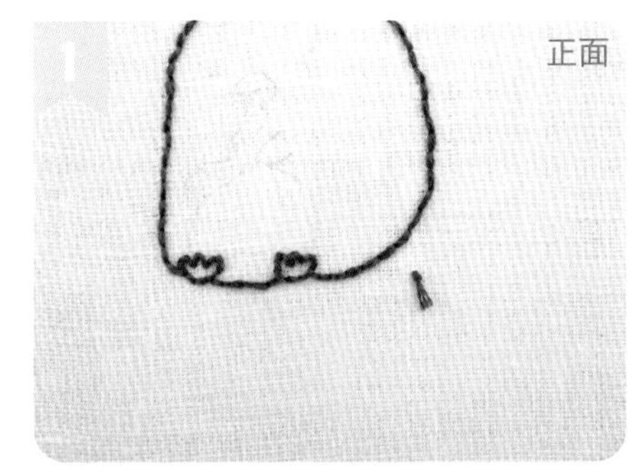
正面

剪掉開始刺繡時的線結。

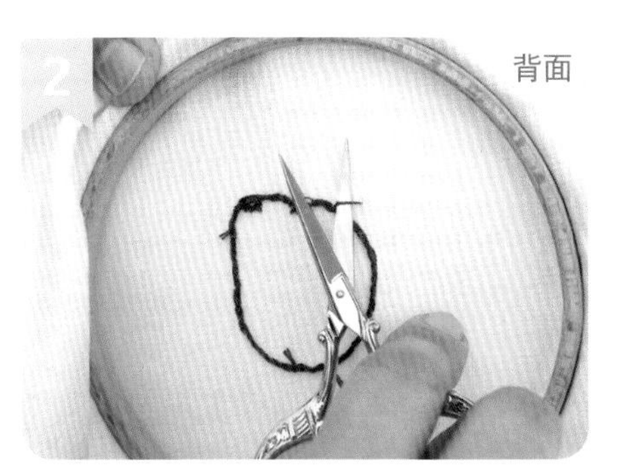
背面

將起始的線段拉到背面後剪斷。

長短針繡的起始與收尾時線的整理方式

開始時，先在要填滿的部分繡 2 ～ 3 針；收尾時，將線穿過背面的繡線渡線後剪斷。

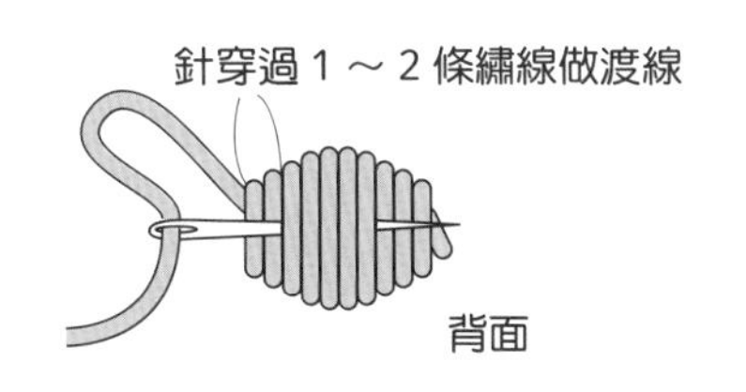
針穿過 1 ～ 2 條繡線做渡線
背面

將圖案內側填滿

※ 繡線的起始及收尾方式請參照 P.31

以長短針繡（請參照 P.33），由上至下填滿圖案，從中央開始先朝右側繡過去。

接著回到中央，再朝左側繡過去，如此第一層便完成了。

然後繡第二層。

身體部位完成的樣子。

肚子的部分也以長短針繡填滿。

嘴巴的部分使用緞面繡（請參照 P.33）。

腳的部分也做緞面繡。

小黃瓜的部分以緞面繡填滿。

小黃瓜上的刺做直針繡，完成。

刺繡針法

直針繡（Straight Stitch）

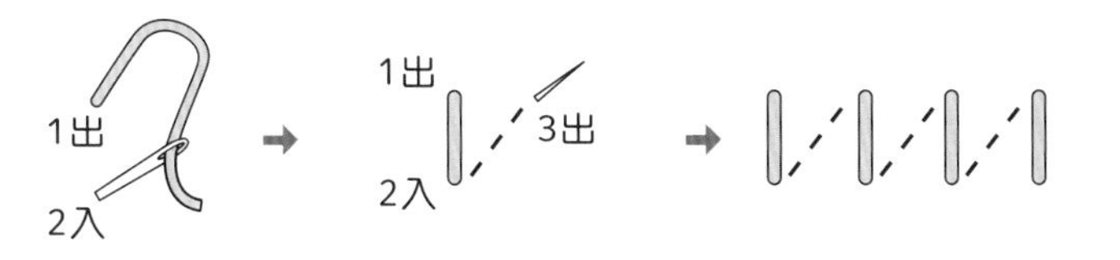
1出
2入
1出
2入
3出

回針繡（Back Stitch）

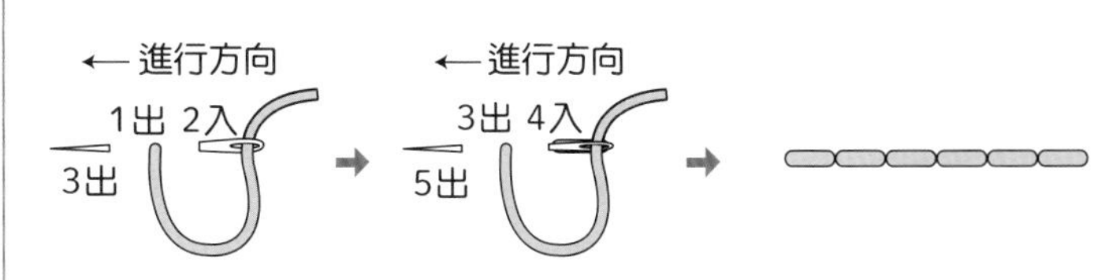
←進行方向
1出 2入
3出
←進行方向
3出 4入
5出

輪廓繡（Outline Stitch）

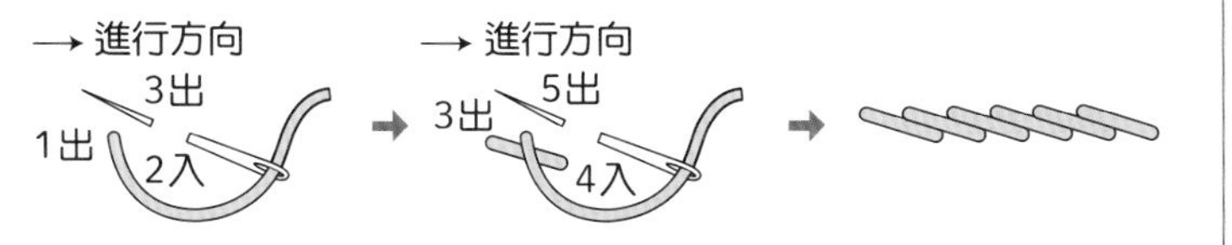
→進行方向
3出
1出
2入
→進行方向
5出
3出
4入

飛鳥繡變形（Fly Stitch）

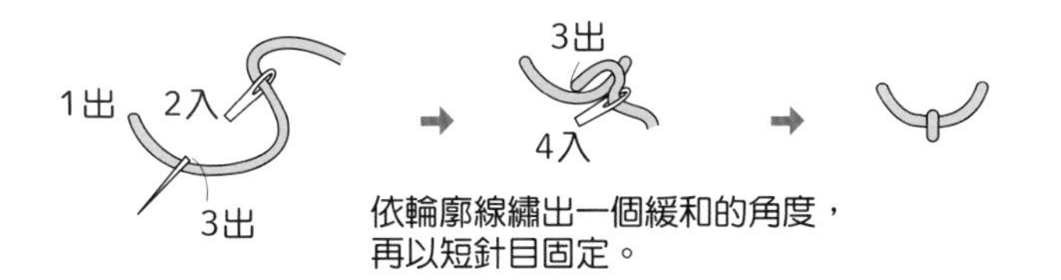
1出
2入
3出
3出
4入
依輪廓線繡出一個緩和的角度，
再以短針目固定。

緞面繡（Satin Stitch）

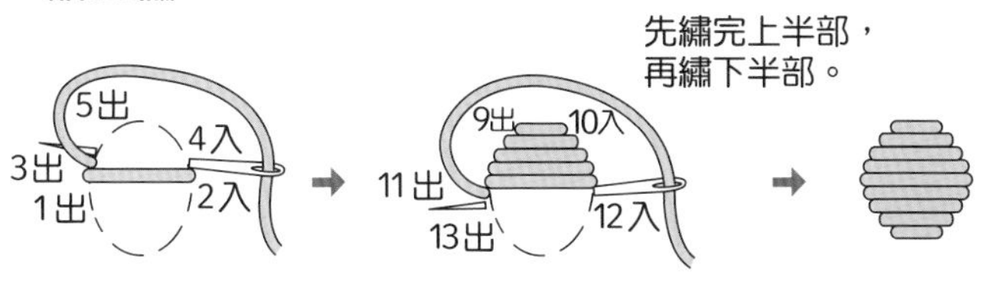
5出
4入
3出
1出
2入
先繡完上半部，
再繡下半部。
9出
10入
11出
13出
12入

長短針繡（Long and short Stitch）

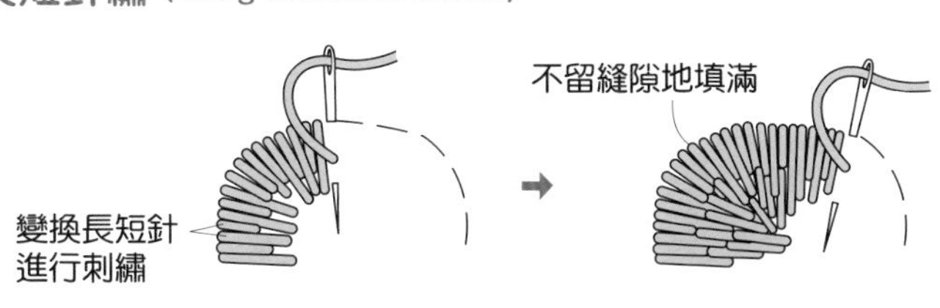
變換長短針
進行刺繡
不留縫隙地填滿

法國結粒繡（French Knot Stitch）

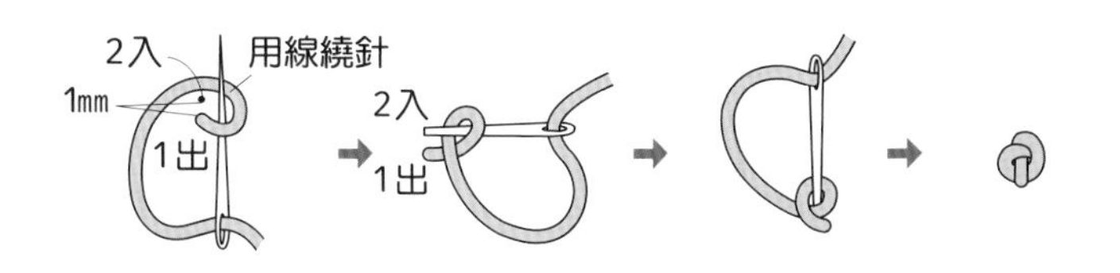
2入
用線繞針
1mm
1出
2入
1出

繡圖的看法

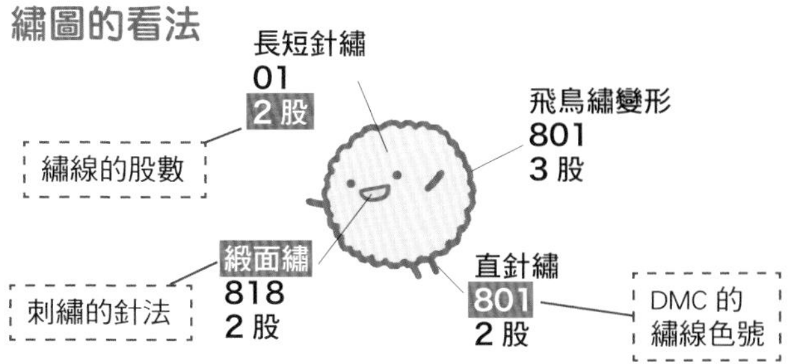
長短針繡
01
2股
繡線的股數
飛鳥繡變形
801
3股
緞面繡
818
2股
刺繡的針法
直針繡
801
2股
DMC 的
繡線色號

底布：織目細密的棉布
繡線：DMC 25 號繡線
色號：801

＊數字為 DMC 的繡線色號
＊◯股表示使用幾股繡線

＊輪廓線以 3 股 801 做回針繡
＊眼睛以 2 股 801 做緞面繡
＊鼻子和嘴巴的輪廓以 2 股 801 做回針繡

圖案為實物尺寸

回針繡
801
2 股
緞面繡
801
2 股

P.1 圖案

底布：織目細密的棉布
繡線：DMC 25 號繡線
色號：B5200、15、162、437、744、746、801、818、3865

* 數字為 DMC 的繡線色號
* ◯股表示使用幾股繡線

* 輪廓線以 3 股 **801** 做回針繡
* 眼睛以 2 股 **801** 做緞面繡
* 手、鼻子和嘴巴的輪廓以 2 股 **801** 做回針繡

圖案為實物尺寸

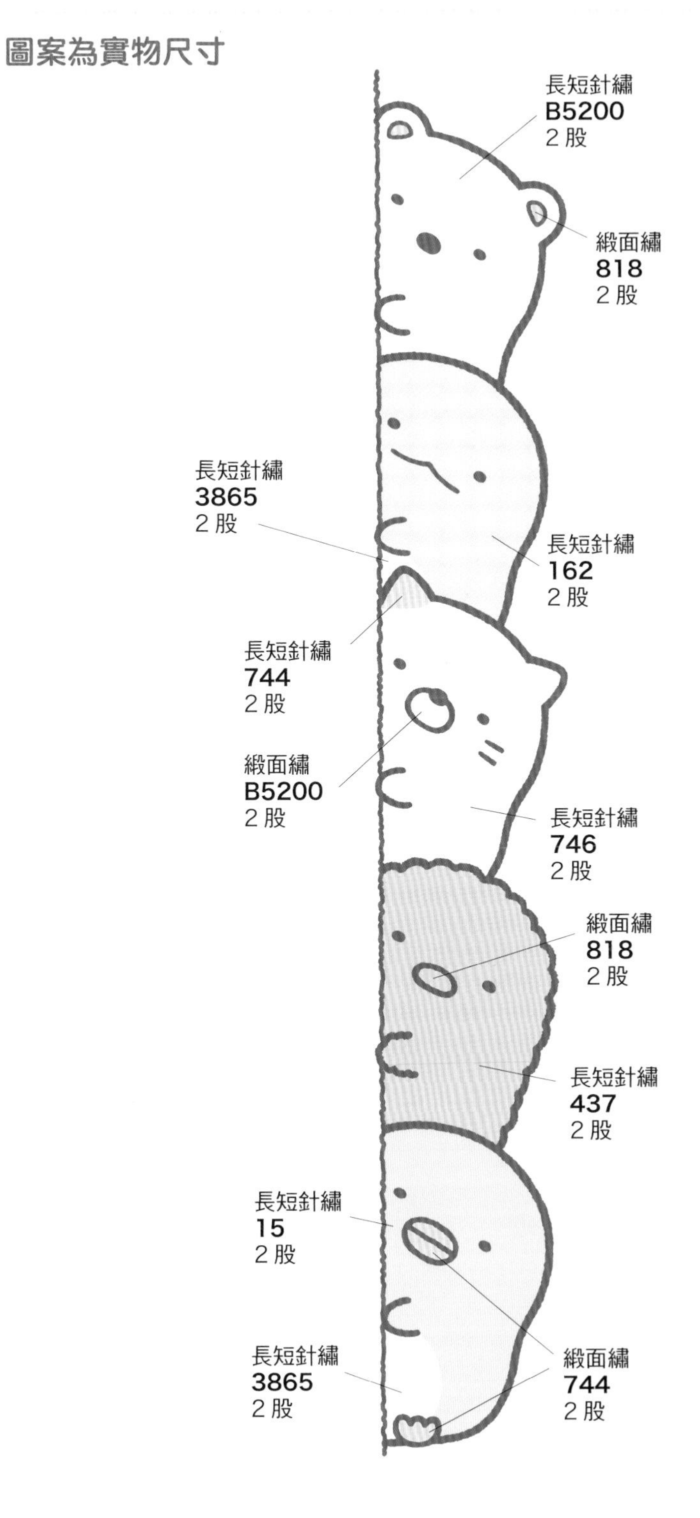

長短針繡 B5200 2 股
緞面繡 818 2 股
長短針繡 3865 2 股
長短針繡 162 2 股
長短針繡 744 2 股
緞面繡 B5200 2 股
長短針繡 746 2 股
緞面繡 818 2 股
長短針繡 437 2 股
長短針繡 15 2 股
長短針繡 3865 2 股
緞面繡 744 2 股

P.2 圖案

底布：織目細密的棉布
繡線：DMC 25 號繡線
色號：801

* 數字為 DMC 的繡線色號
* ○股表示使用幾股繡線

* 輪廓線以 3 股 801 做回針繡
* 眼睛以 2 股 801 做緞面繡
* 手、鼻子和嘴巴的輪廓以 2 股 801 做回針繡
* 鉛筆的尖端以 2 股 801 做緞面繡

圖案為實物尺寸

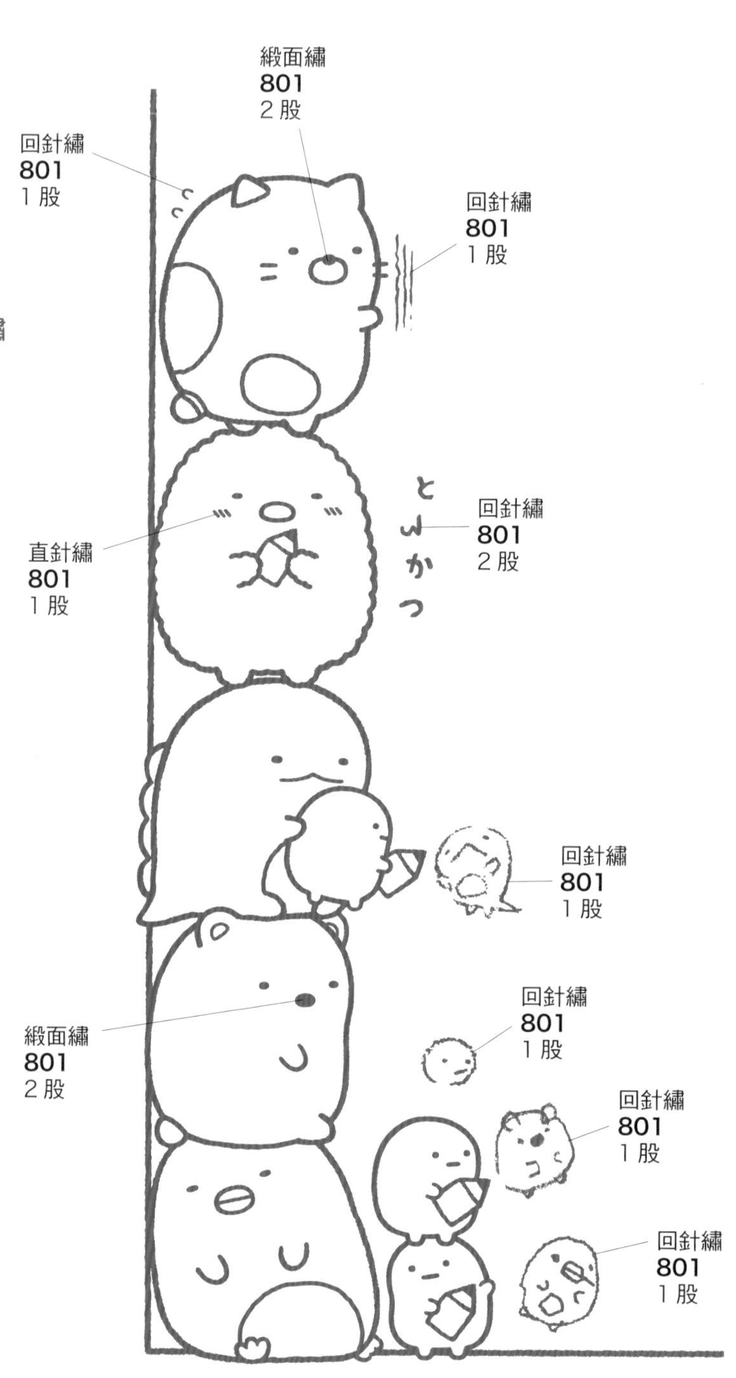
緞面繡 801 2股
回針繡 801 1股
回針繡 801 1股
とんかつ
回針繡 801 2股
直針繡 801 1股
回針繡 801 1股
緞面繡 801 2股
回針繡 801 1股
回針繡 801 1股
回針繡 801 1股

P.4 圖案

底布：織目細密的棉布
繡線：DMC 25 號繡線
色號：B5200、15、151、162、437、608、744、746、801、818、827、3865

＊數字為 DMC 的繡線色號
＊◯股表示使用幾股繡線

〈角落小夥伴〉
＊輪廓線以 3 股 801 做回針繡
＊眼睛以 2 股 801 做緞面繡
＊耳朵的輪廓以 2 股 801 做回針繡

〈角落小小夥伴〉
＊輪廓線以 3 股繡線做回針繡
＊眼睛以 2 股 801 做繞 1 圈的法國結粒繡

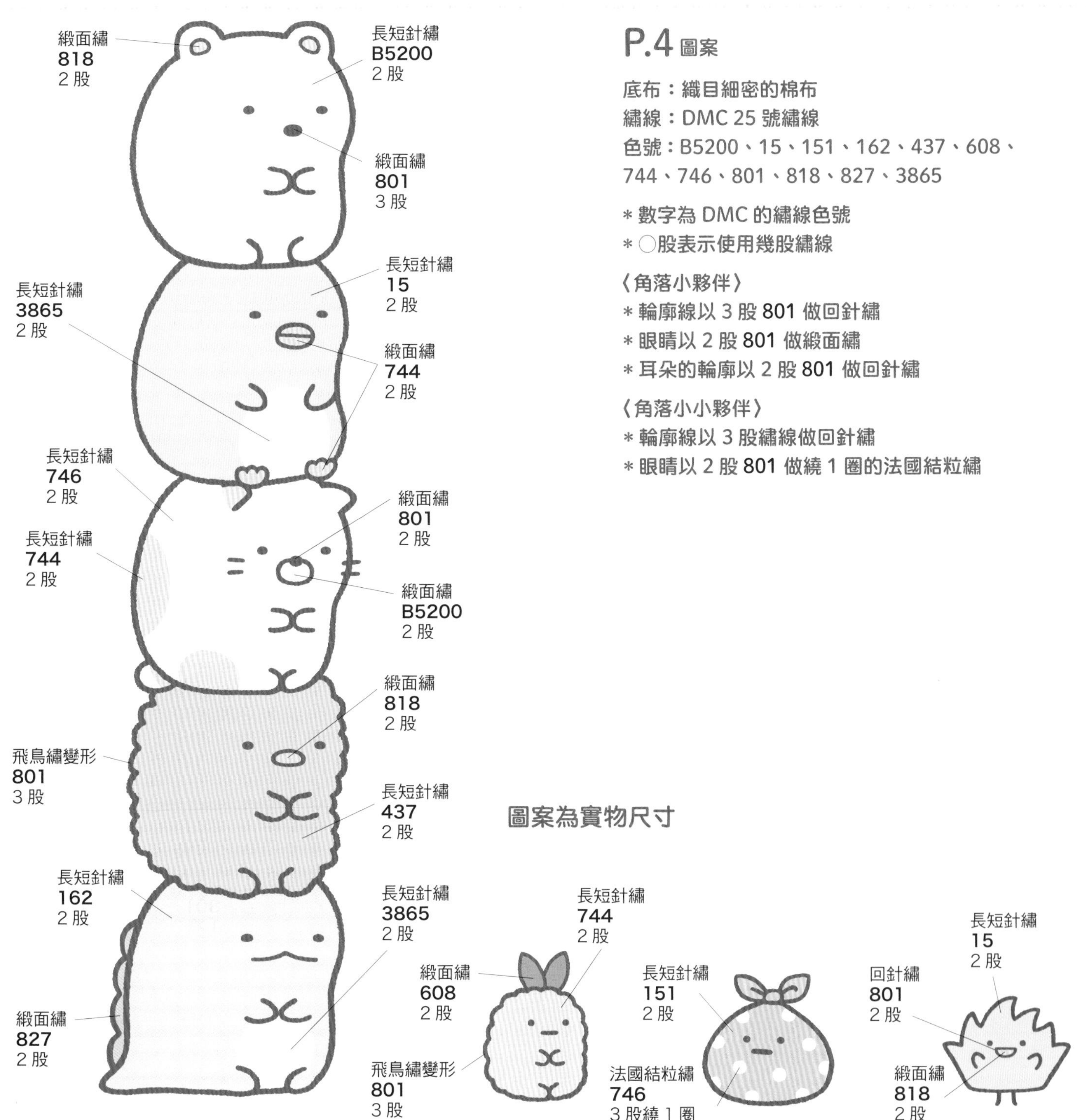

緞面繡 818 2 股
長短針繡 B5200 2 股
緞面繡 801 3 股
長短針繡 15 2 股
長短針繡 3865 2 股
緞面繡 744 2 股
長短針繡 746 2 股
緞面繡 801 2 股
長短針繡 744 2 股
緞面繡 B5200 2 股
緞面繡 818 2 股
飛鳥繡變形 801 3 股
長短針繡 437 2 股
長短針繡 162 2 股
長短針繡 3865 2 股
緞面繡 827 2 股
圖案為實物尺寸
長短針繡 744 2 股
緞面繡 608 2 股
飛鳥繡變形 801 3 股
長短針繡 151 2 股
法國結粒繡 746 3 股繞 1 圈
長短針繡 15 2 股
回針繡 801 2 股
緞面繡 818 2 股

圖案為實物尺寸

P.5 圖案

底布：織目細密的棉布
繡線：DMC 25 號繡線
色號：B5200、01、162、351、420、437、746、747、801、818、3078、3863

＊數字為 DMC 的繡線色號
＊○股表示使用幾股繡線

＊輪廓線以 2 股 801 做回針繡
＊眼睛以 2 股 801 做繞 1 圈的法國結粒繡
＊嘴巴及嘴邊以 2 股 801 做回針繡

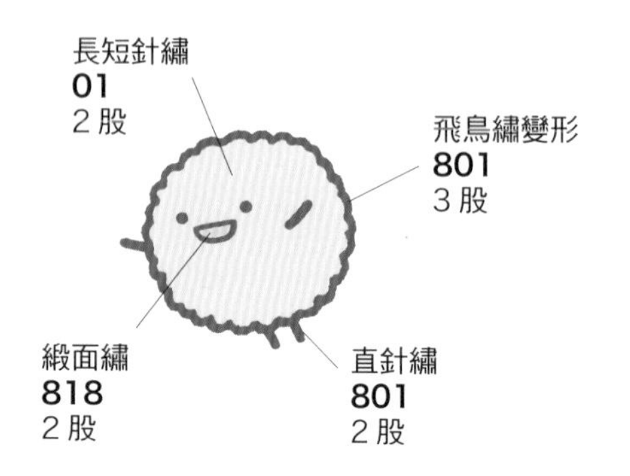

長短針繡
01
2 股
飛鳥繡變形
801
3 股
緞面繡
818
2 股
直針繡
801
2 股

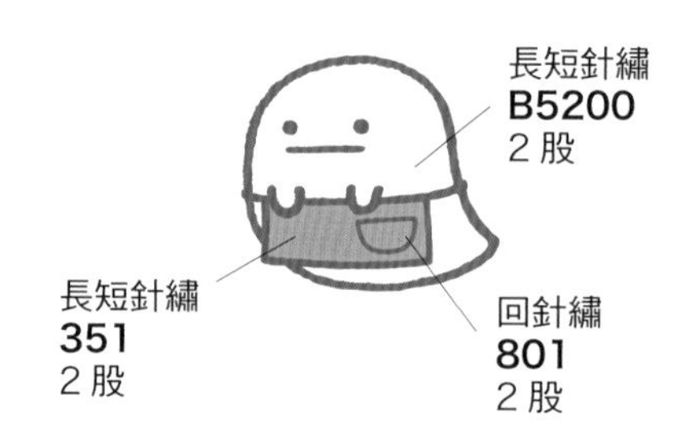

長短針繡
B5200
2 股
長短針繡
351
2 股
回針繡
801
2 股

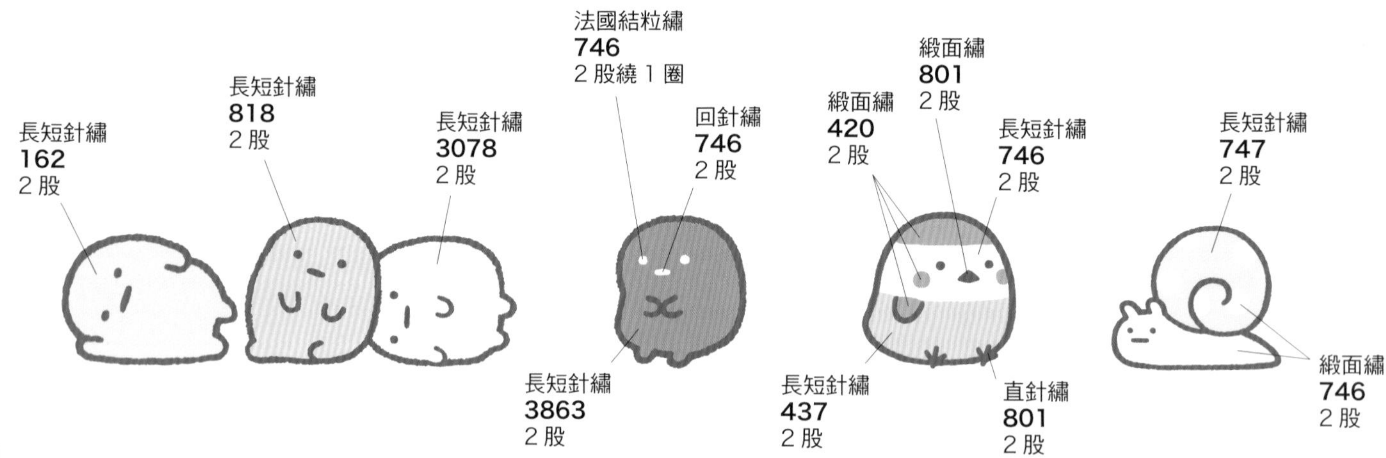

長短針繡
162
2 股
長短針繡
818
2 股
長短針繡
3078
2 股
法國結粒繡
746
2 股繞 1 圈
回針繡
746
2 股
長短針繡
3863
2 股
緞面繡
420
2 股
緞面繡
801
2 股
長短針繡
746
2 股
長短針繡
437
2 股
直針繡
801
2 股
長短針繡
747
2 股
緞面繡
746
2 股

P.6 圖案

底布：織目細密的棉布
繡線：DMC 25 號繡線
色號：B5200、151、676、746、801、818、3761、3863

＊數字為 DMC 的繡線色號
＊◯股表示使用幾股繡線

＊輪廓線以 2 股 801 做回針繡
＊眼睛以 2 股 801 做緞面繡；鼻子以 2 股 801 做緞面繡
＊耳朵的輪廓以 2 股 801 做回針繡、耳朵裡面以 2 股 818 做緞面繡

圖案為實物尺寸

長短針繡
B5200
2 股
緞面繡
676
2 股
長短針繡
3761
2 股
回針繡
801
2 股

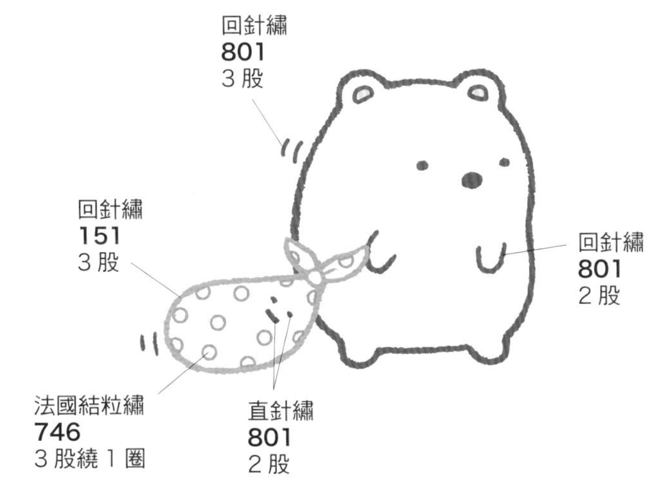
回針繡
801
3 股
回針繡
151
3 股
回針繡
801
2 股
法國結粒繡
746
3 股繞 1 圈
直針繡
801
2 股

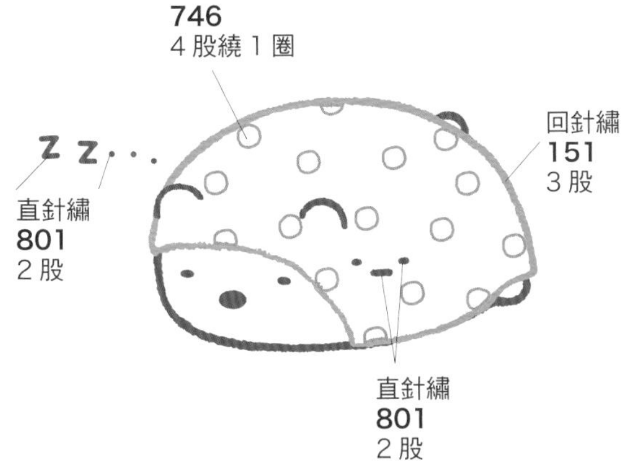
法國結粒繡
746
4 股繞 1 圈
回針繡
151
3 股
Z Z. . .
直針繡
801
2 股
直針繡
801
2 股

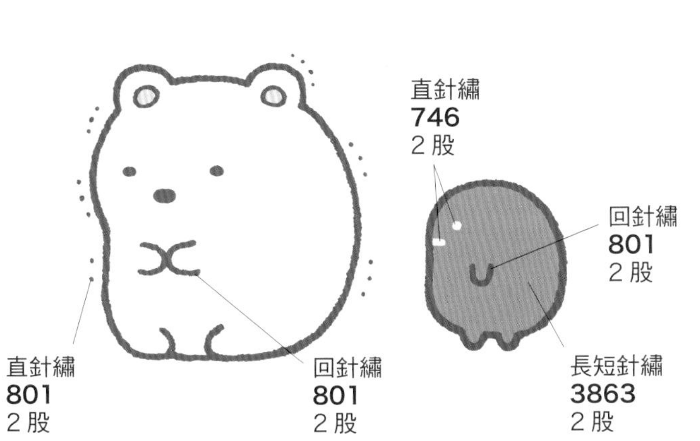
直針繡
746
2 股
回針繡
801
2 股
直針繡
801
2 股
回針繡
801
2 股
長短針繡
3863
2 股

P.7 圖案

底布：織目細密的棉布
繡線：DMC 25 號繡線
色號：15、703、744、801、954、3078、3811、3865

* 數字為 DMC 的繡線色號
* ◯股表示使用幾股繡線

* 輪廓線以 2 股 801 做回針繡
* 眼睛以 2 股 801 做緞面繡

* 嘴巴及腳的輪廓以 2 股 801 做回針繡；
  嘴巴及腳的裡面以 2 股 744 做緞面繡

圖案為實物尺寸

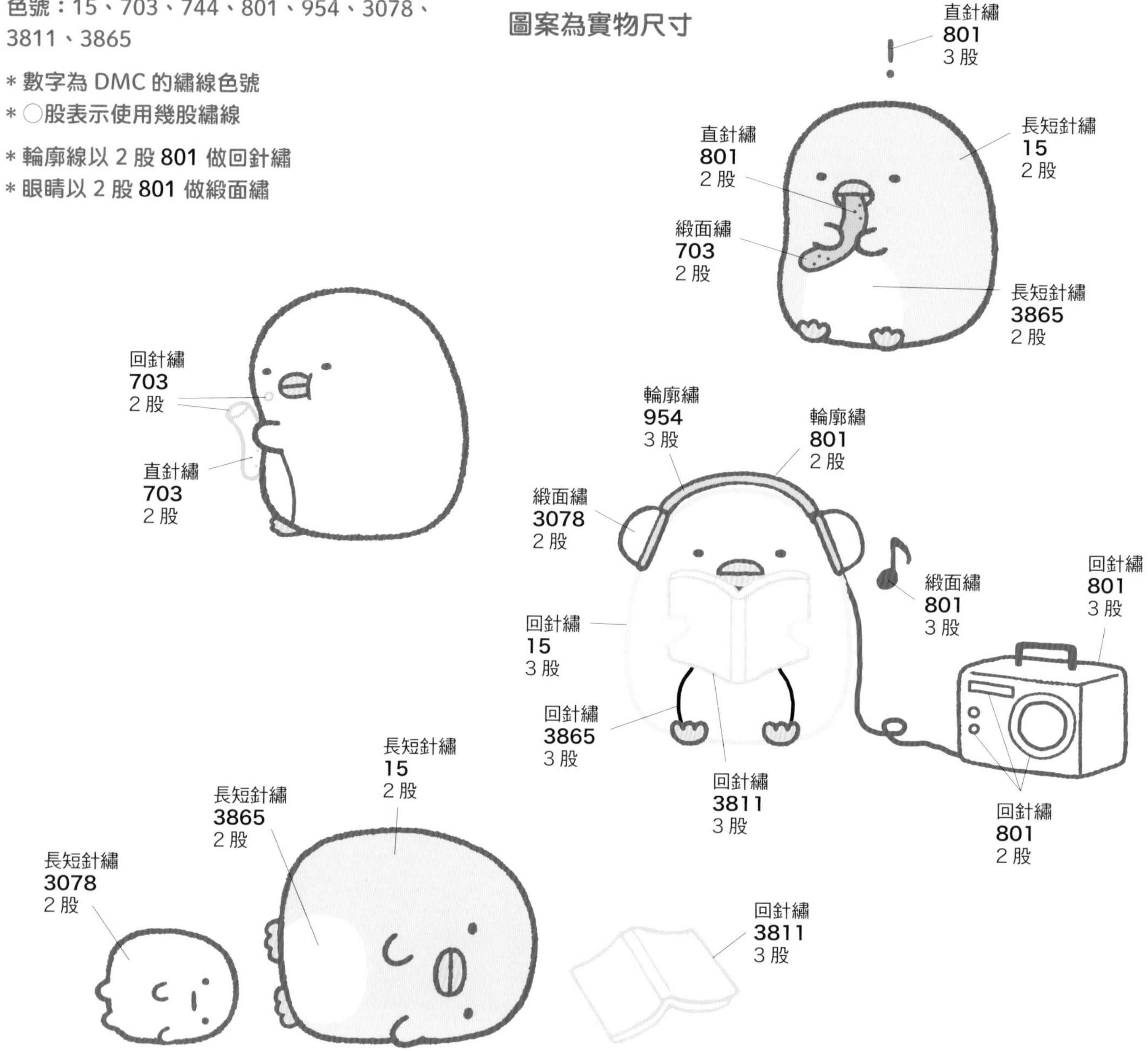

直針繡 801 3 股
長短針繡 15 2 股
直針繡 801 2 股
緞面繡 703 2 股
長短針繡 3865 2 股
回針繡 703 2 股
直針繡 703 2 股
輪廓繡 954 3 股
輪廓繡 801 2 股
緞面繡 3078 2 股
緞面繡 801 3 股
回針繡 801 3 股
回針繡 15 3 股
回針繡 3865 3 股
回針繡 3811 3 股
回針繡 801 2 股
長短針繡 15 2 股
長短針繡 3865 2 股
長短針繡 3078 2 股
回針繡 3811 3 股

P.8 圖案

底布：織目細密的棉布
繡線：DMC 25 號繡線
色號：17、350、433、437、744、801、818、842、3801

＊數字為 DMC 的繡線色號
＊◯股表示使用幾股繡線

＊輪廓線以 3 股 **801** 做回針繡
＊眼睛以 2 股 **801** 做緞面繡

＊鼻子的輪廓以 2 股 **801** 做回針繡；
鼻子的裡面以 2 股 **818** 做緞面繡

圖案為實物尺寸

長短針繡
801
2 股
回針繡
801
2 股
長短針繡
437
2 股
長短針繡
608
2 股
長短針繡
744
2 股

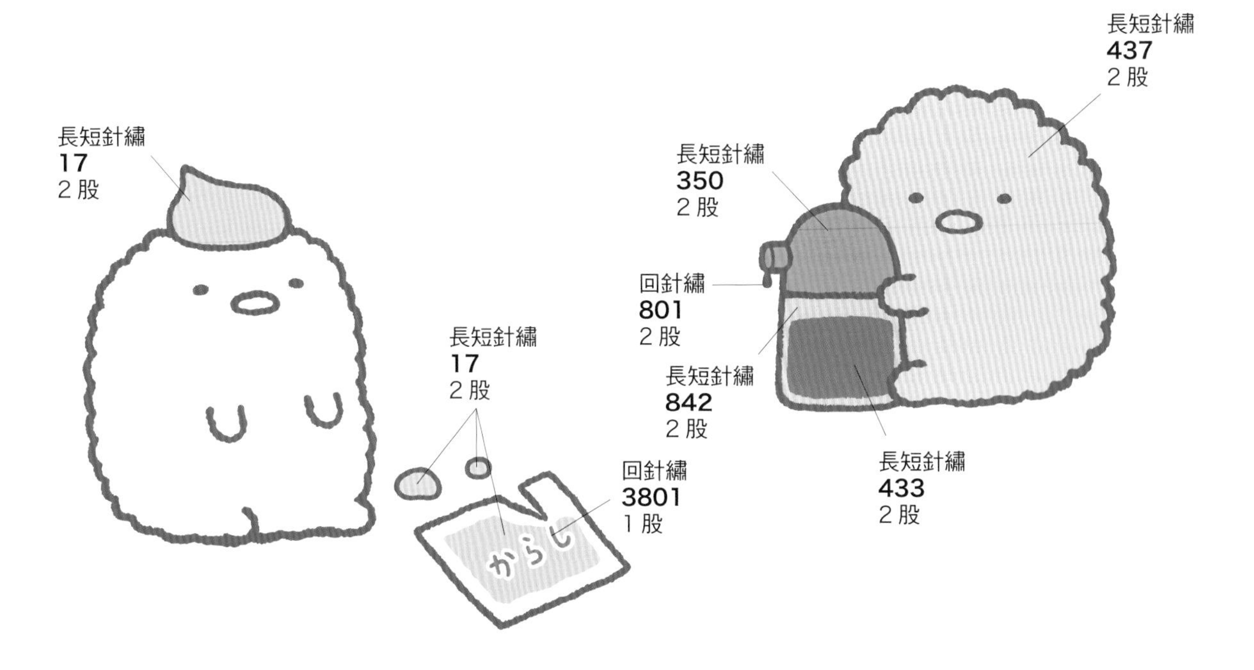

長短針繡
437
2 股
長短針繡
17
2 股
長短針繡
350
2 股
回針繡
801
2 股
長短針繡
17
2 股
長短針繡
842
2 股
回針繡
3801
1 股
からし
長短針繡
433
2 股

P.9 圖案

底布：織目細密的棉布
繡線：DMC 25 號繡線
色號：B5200、15、437、738、744、746、801

＊數字為 DMC 的繡線色號
＊○股表示使用幾股繡線
＊輪廓線以 3 股 801 做回針繡

圖案為實物尺寸

＊眼睛以 2 股 801 做緞面繡、鬍鬚以 2 股 801 做回針繡
＊鼻子的輪廓以 2 股 801 做回針繡；
鼻子的裡面以 2 股 B5200 做緞面繡

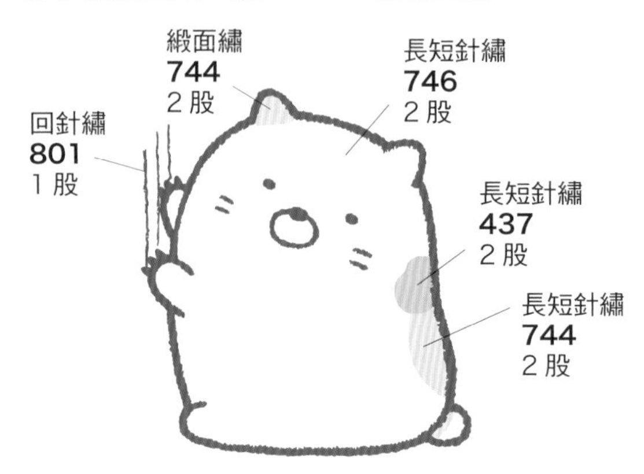

緞面繡
744
2 股
長短針繡
746
2 股
回針繡
801
1 股
長短針繡
437
2 股
長短針繡
744
2 股

回針繡
801
以 2 股繡滿面

緞面繡
801
2 股

直針繡
801
2 股

回針繡
801
2 股

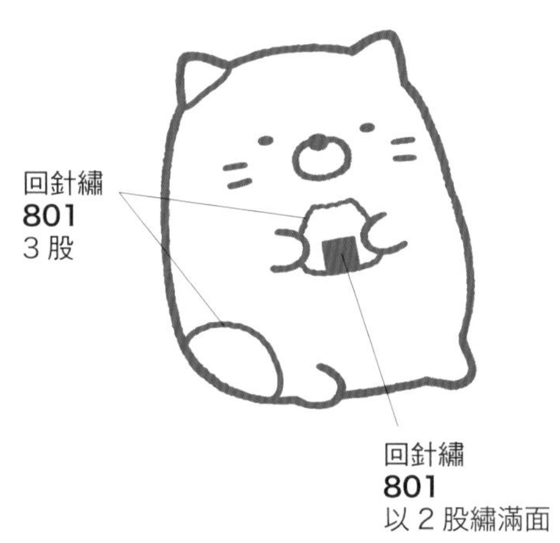

回針繡
801
3 股
回針繡
801
以 2 股繡滿面

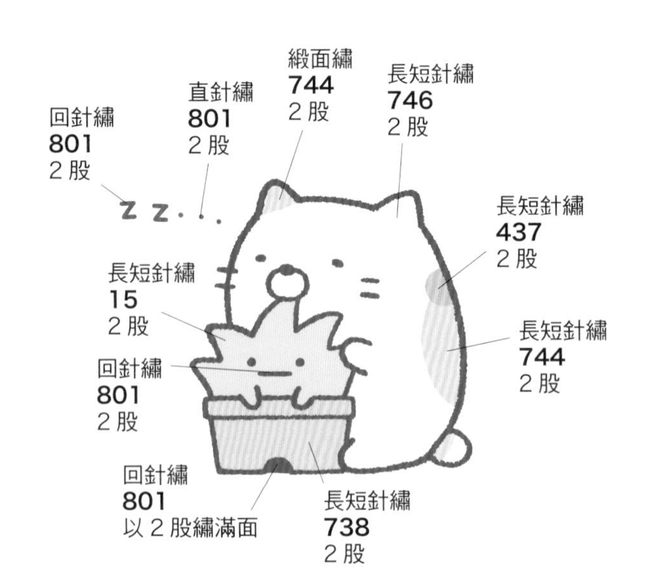

回針繡
801
2 股
直針繡
801
2 股
緞面繡
744
2 股
長短針繡
746
2 股
長短針繡
437
2 股
長短針繡
15
2 股
長短針繡
744
2 股
回針繡
801
2 股
回針繡
801
以 2 股繡滿面
長短針繡
738
2 股

P.10 圖案

底布：織目細密的棉布
繡線：DMC 25 號繡線
色號：162、746、747、801、827、3865

* 數字為 DMC 的繡線色號
* ◯股表示使用幾股繡線

* 輪廓線以 2 股 801 做回針繡
* 眼睛以 2 股 801 做緞面繡、嘴巴以 2 股 801 做回針繡

圖案為實物尺寸

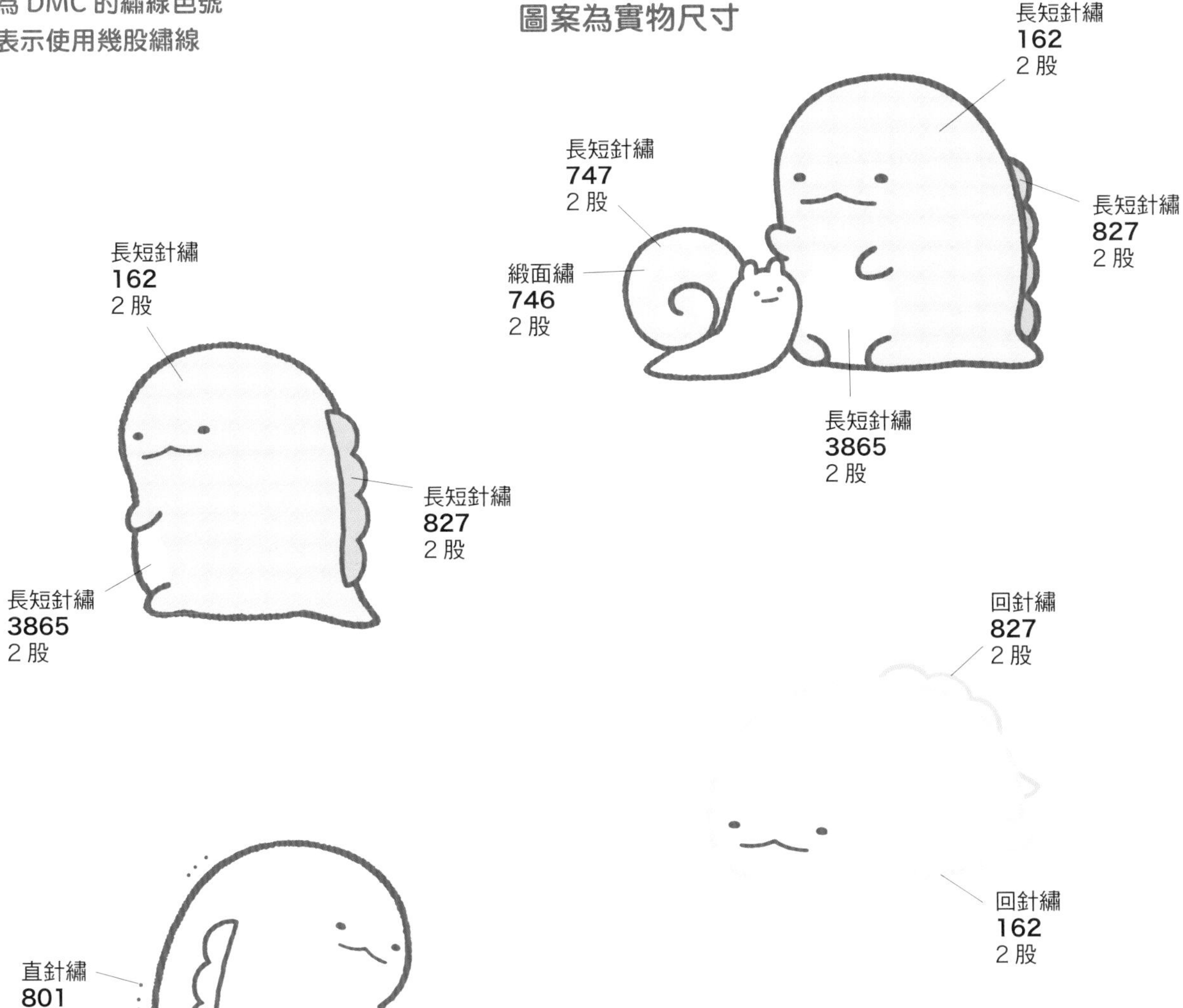

長短針繡 162 2 股
長短針繡 747 2 股
長短針繡 827 2 股
緞面繡 746 2 股
長短針繡 3865 2 股
長短針繡 162 2 股
長短針繡 827 2 股
長短針繡 3865 2 股
回針繡 827 2 股
回針繡 162 2 股
直針繡 801 2 股

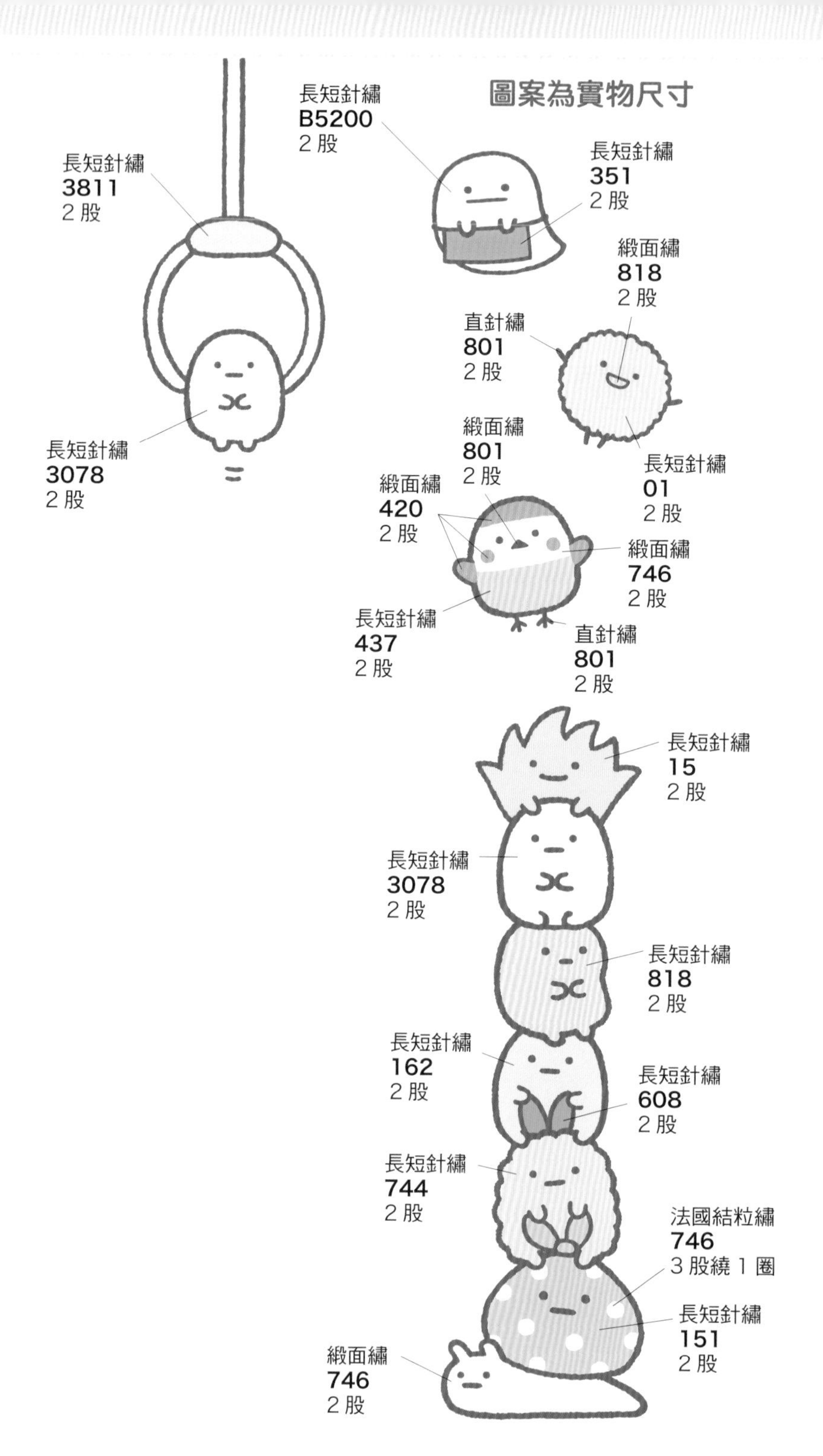
圖案為實物尺寸
長短針繡
3811
2股
長短針繡
3078
2股
長短針繡
B5200
2股
長短針繡
351
2股
緞面繡
818
2股
直針繡
801
2股
長短針繡
01
2股
緞面繡
801
2股
緞面繡
420
2股
緞面繡
746
2股
長短針繡
437
2股
直針繡
801
2股
長短針繡
15
2股
長短針繡
3078
2股
長短針繡
818
2股
長短針繡
162
2股
長短針繡
608
2股
長短針繡
744
2股
法國結粒繡
746
3股繞1圈
長短針繡
151
2股
緞面繡
746
2股

P.11 圖案

底布：織目細密的棉布
繡線：DMC 25 號繡線
色號：B5200、01、15、151、162、351、420、437、608、744、746、801、818、3078、3811

* 數字為 DMC 的繡線色號
* ◯股表示使用幾股繡線

* 輪廓線以 3 股 801 做回針繡
* 眼睛以 2 股 801 做繞 1 圈的法國結粒繡
* 嘴巴及其輪廓以 2 股 801 做回針繡

P.12 圖案

圖案為實物尺寸

底布：織目細密的棉布
繡線：DMC 25 號繡線
色號：B5200、14、162、608、676、703、744、801、818、827、3756、3761

* 數字為 DMC 的繡線色號
* ◯股表示使用幾股繡線

* 輪廓線以 3 股 **801** 做回針繡
* 眼睛以 2 股 **801** 做緞面繡；鼻子以 3 股 **801** 做緞面繡
* 嘴巴、鼻子的輪廓及鬍鬚以 2 股 **801** 做回針繡

緞面繡
818
2 股
緞面繡
827
2 股
緞面繡
3756
2 股
緞面繡
744
2 股
緞面繡
744
2 股
緞面繡
162
2 股
緞面繡
B5200
2 股
緞面繡
14
2 股
緞面繡
801
2 股
緞面繡
703
2 股
緞面繡
744
2 股
緞面繡
744
2 股
緞面繡
818
2 股
緞面繡
818
2 股
緞面繡
676
2 股
緞面繡
608
2 股
緞面繡
3761
2 股
飛鳥繡變形
801
3 股
飛鳥繡變形
801
3 股

圖案為實物尺寸

P.13 圖案

底布：織目細密的棉布
繡線：DMC 25 號繡線
色號：437、744、801、818

* 數字為 DMC 的繡線色號
* ○股表示使用幾股繡線
* 輪廓線以 3 股 **801** 做回針繡
* 眼睛以 2 股 **801** 做緞面繡；
  鼻子以 2 股 **801** 做緞面繡
* 耳朵、嘴巴、鼻子的輪廓及鬍鬚
  以 2 股 **801** 做回針繡

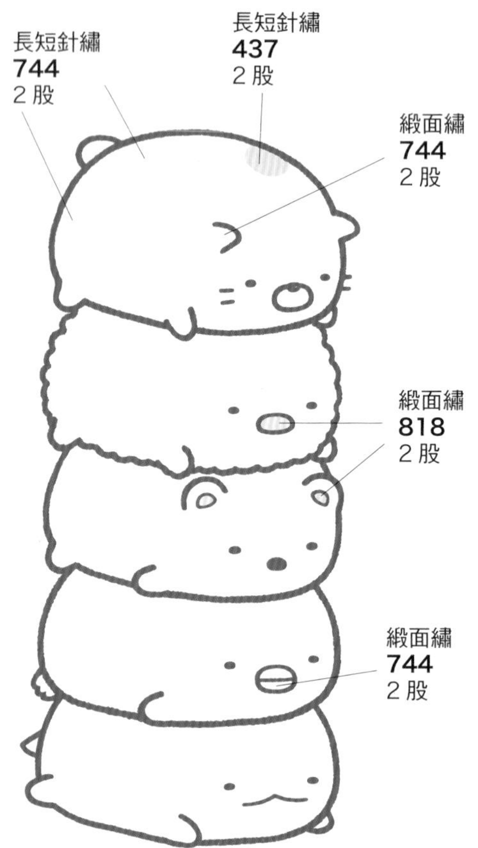
長短針繡
744
2 股
長短針繡
437
2 股
緞面繡
744
2 股
緞面繡
818
2 股
緞面繡
744
2 股

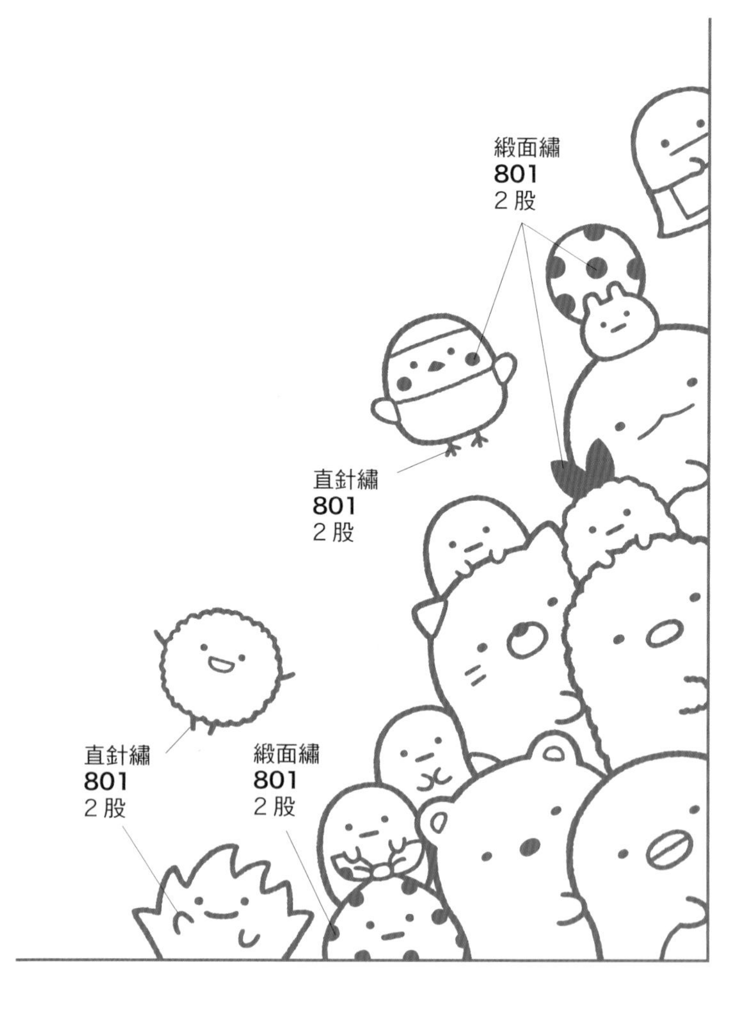
緞面繡
801
2 股
直針繡
801
2 股
直針繡
801
2 股
緞面繡
801
2 股

P.14 圖案

底布：織目細密的棉布
繡線：DMC 25 號繡線
色號：162、604、775、801、818、827、3823、3865

＊數字為 DMC 的繡線色號
＊○股表示使用幾股繡線

＊眼睛以 2 股 801 做緞面繡
＊嘴巴及其輪廓以 2 股 801 做回針繡

圖案為實物尺寸

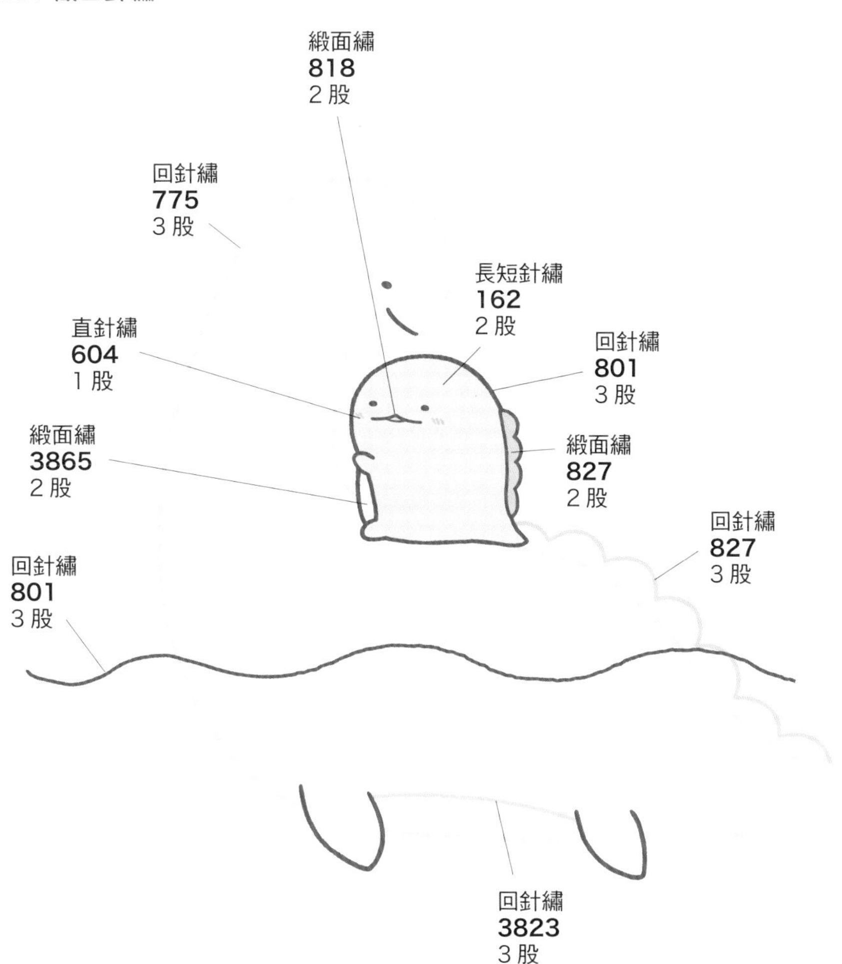

緞面繡
818
2 股
回針繡
775
3 股
長短針繡
162
2 股
直針繡
604
1 股
回針繡
801
3 股
緞面繡
3865
2 股
緞面繡
827
2 股
回針繡
827
3 股
回針繡
801
3 股
回針繡
3823
3 股

P.15 圖案

底布：織目細密的棉布
繡線：DMC 25 號繡線
色號：B5200、15、369、437、744、746、801、818、954

＊數字為 DMC 的繡線色號
＊◯股表示使用幾股繡線

＊眼睛以 2 股 **801** 做緞面繡
＊鼻子以 2 股 **801** 做緞面繡
＊鼻子及嘴巴的輪廓以 2 股 **801** 做回針繡

圖案為實物尺寸

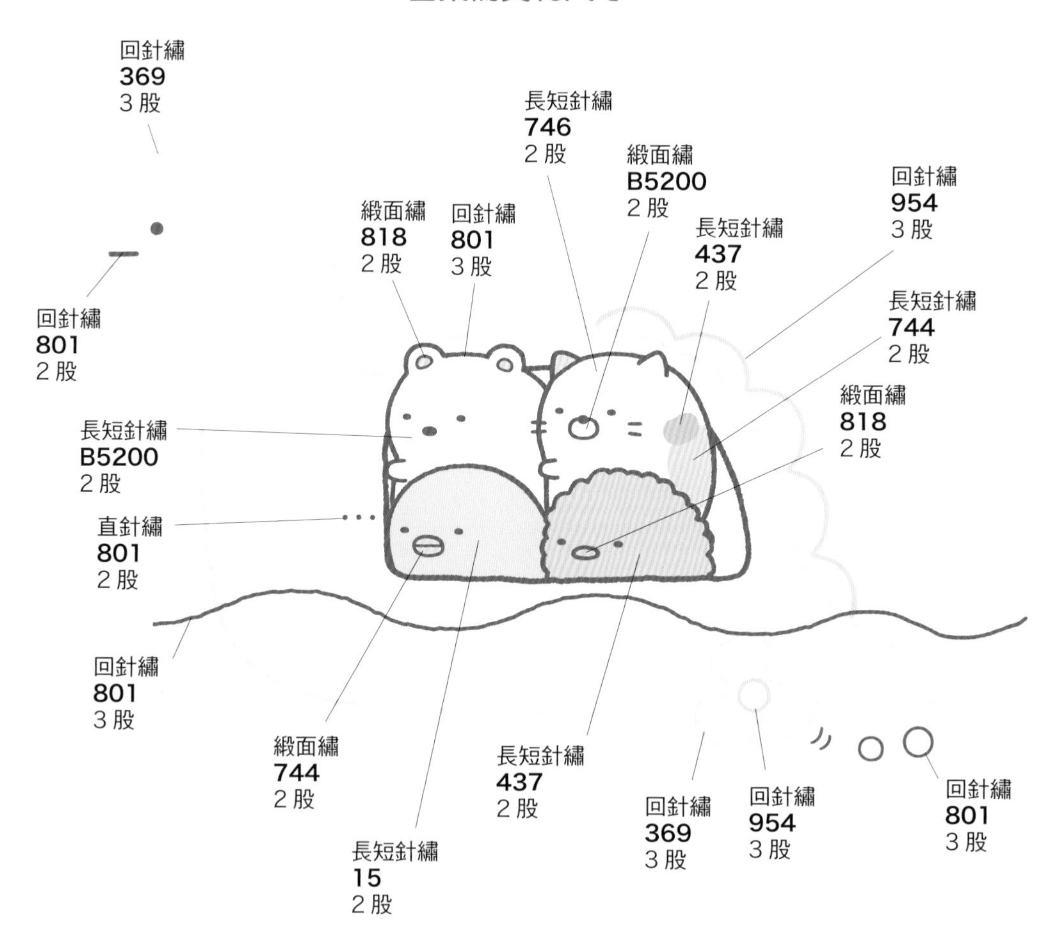

回針繡 369 3 股
長短針繡 746 2 股
緞面繡 B5200 2 股
回針繡 954 3 股
緞面繡 818 2 股
回針繡 801 3 股
長短針繡 437 2 股
長短針繡 744 2 股
回針繡 801 2 股
緞面繡 818 2 股
長短針繡 B5200 2 股
直針繡 801 2 股
回針繡 801 3 股
緞面繡 744 2 股
長短針繡 437 2 股
回針繡 369 3 股
回針繡 954 3 股
回針繡 801 3 股
長短針繡 15 2 股

P.16 圖案

底布：織目細密的棉布
繡線：DMC 25 號繡線
色號：B5200、15、162、415、437、604、605、744、746、762、801、818、963、3856

＊數字為 DMC 的繡線色號
＊◯股表示使用幾股繡線

＊輪廓線以 3 股 **801** 做回針繡
＊眼睛、鼻子以 2 股 **801** 做緞面繡
＊嘴巴、鼻子及嘴巴的輪廓、鬍鬚以 2 股 **801** 做回針繡
＊耳朵裡面以 2 股 **963** 做緞面繡

圖案為實物尺寸

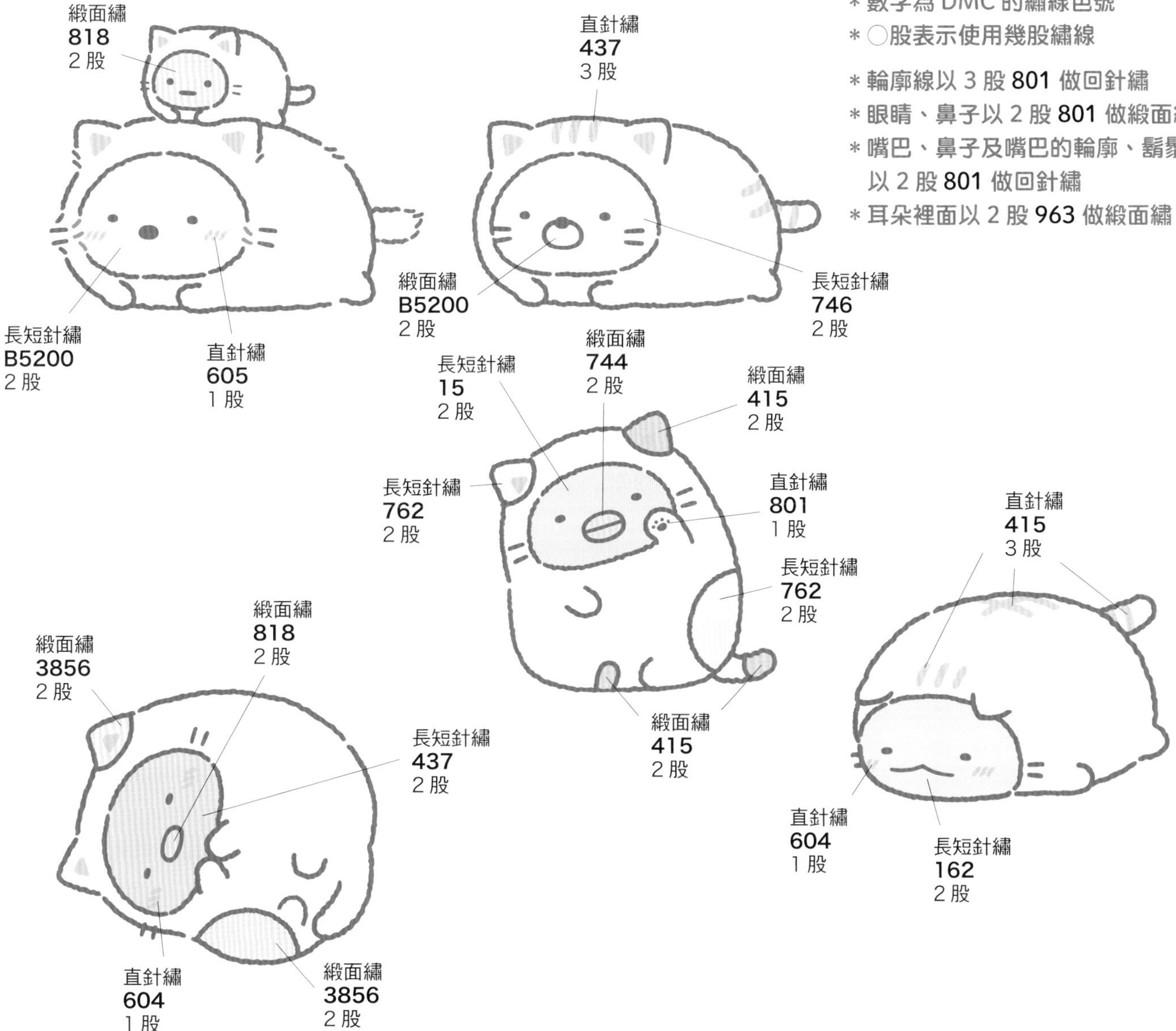

緞面繡 818 2股
長短針繡 B5200 2股
直針繡 605 1股
直針繡 437 3股
緞面繡 B5200 2股
長短針繡 746 2股
長短針繡 15 2股
緞面繡 744 2股
緞面繡 415 2股
長短針繡 762 2股
直針繡 801 1股
長短針繡 762 2股
緞面繡 415 2股
直針繡 415 3股
直針繡 604 1股
長短針繡 162 2股
緞面繡 3856 2股
緞面繡 818 2股
長短針繡 437 2股
直針繡 604 1股
緞面繡 3856 2股

P.17 圖案

底布：織目細密的棉布
繡線：DMC 25 號繡線
色號：B5200、14、15、162、437、604、605、606、702、703、712、726、744、747、801、818、827、3826、3855、3865

* 數字為 DMC 的繡線色號
* ○股表示使用幾股繡線
* 眼睛、鼻子以 2 股 801 做緞面繡
* 嘴巴及其輪廓以 2 股 801 做回針繡

圖案為實物尺寸

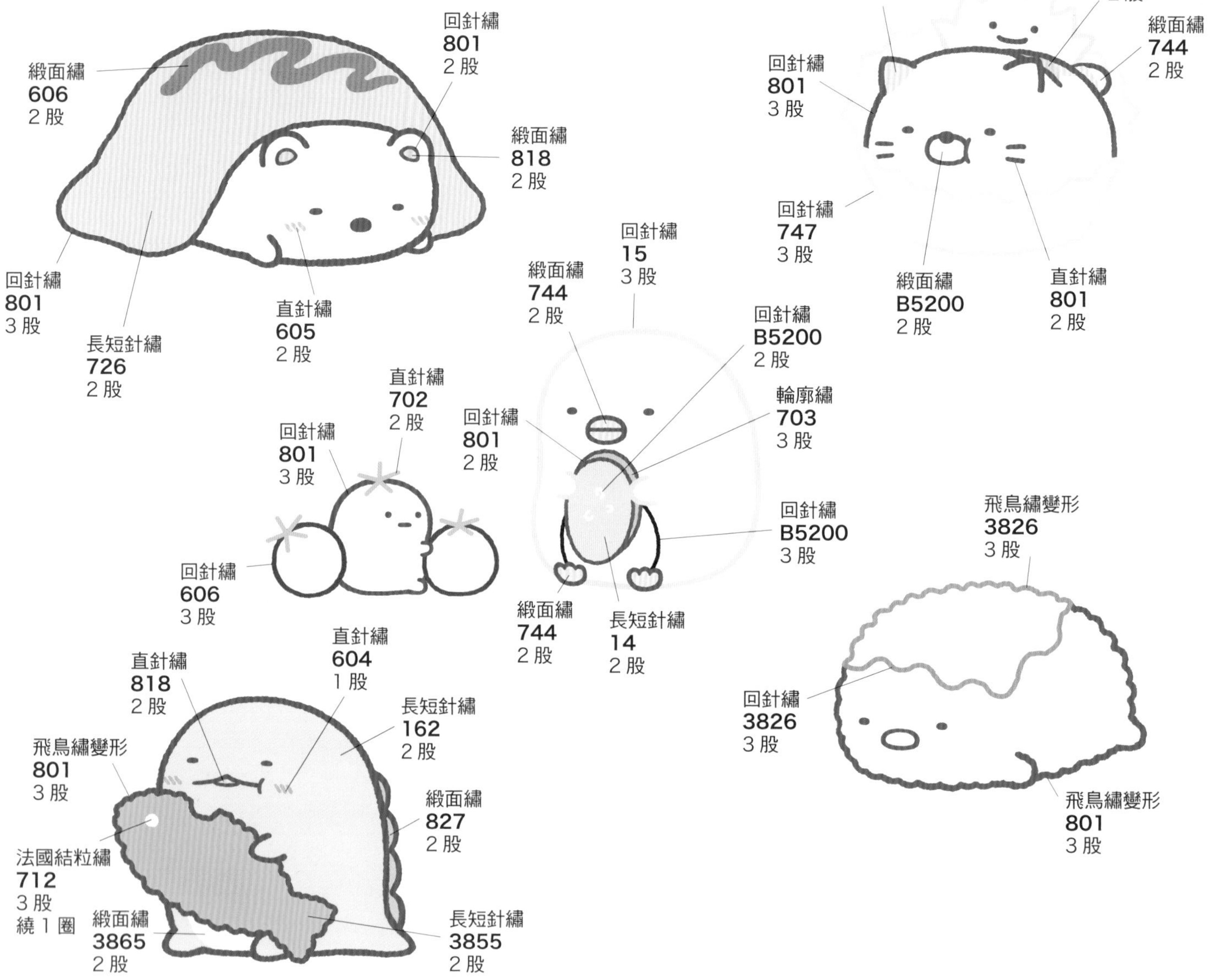

緞面繡 606 2 股
回針繡 801 2 股
緞面繡 818 2 股
回針繡 801 3 股
長短針繡 726 2 股
直針繡 605 2 股

回針繡 15 3 股
緞面繡 744 2 股
緞面繡 437 2 股
緞面繡 744 2 股
回針繡 801 3 股
回針繡 747 3 股
緞面繡 B5200 2 股
直針繡 801 2 股

回針繡 15 3 股
緞面繡 744 2 股
回針繡 B5200 2 股
輪廓繡 703 3 股
回針繡 801 2 股
回針繡 B5200 3 股
緞面繡 744 2 股
長短針繡 14 2 股

直針繡 702 2 股
回針繡 801 3 股
回針繡 606 3 股

飛鳥繡變形 3826 3 股
回針繡 3826 3 股
飛鳥繡變形 801 3 股

直針繡 604 1 股
直針繡 818 2 股
長短針繡 162 2 股
飛鳥繡變形 801 3 股
緞面繡 827 2 股
法國結粒繡 712 3 股 繞 1 圈
緞面繡 3865 2 股
長短針繡 3855 2 股

P.18 圖案

底布：織目細密的棉布
繡線：DMC 25 號繡線
色號：407、727、746、801、3078、3840、3865

* 數字為 DMC 的繡線色號
* ◯股表示使用幾股繡線

* 輪廓線以 3 股 801 做回針繡
* 眼睛、鼻子以 2 股 801 做緞面繡
* 嘴巴及其輪廓以 2 股 801 做回針繡
* 耳朵的輪廓以 2 股 801 做回針繡

圖案為實物尺寸

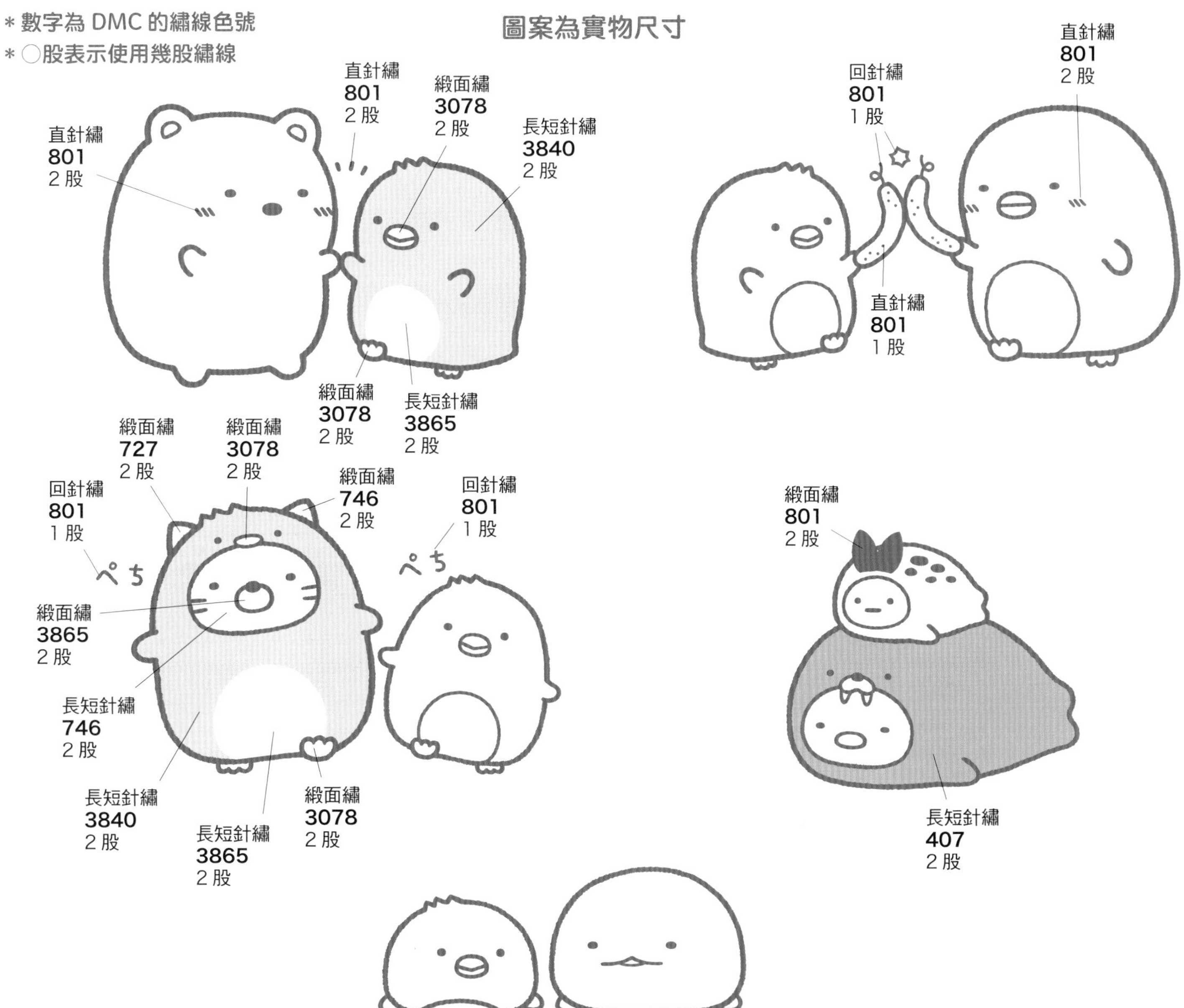

直針繡 801 2 股
直針繡 801 2 股
緞面繡 3078 2 股
長短針繡 3840 2 股
緞面繡 3078 2 股
長短針繡 3865 2 股
回針繡 801 1 股
直針繡 801 2 股
直針繡 801 1 股
緞面繡 727 2 股
緞面繡 3078 2 股
緞面繡 746 2 股
回針繡 801 1 股
回針繡 801 1 股
ぺち
ぺち
緞面繡 3865 2 股
長短針繡 746 2 股
長短針繡 3840 2 股
長短針繡 3865 2 股
緞面繡 3078 2 股
緞面繡 801 2 股
長短針繡 407 2 股

圖案為實物尺寸

P.19 圖案

底布：織目細密的棉布
繡線：DMC 25 號繡線
色號：01、162、437、561、760、801、818、3865

＊數字為 DMC 的繡線色號
＊○股表示使用幾股繡線

＊輪廓線以 3 股 801 做回針繡
＊眼睛、鼻子以 2 股 801 做緞面繡
＊嘴巴及其輪廓以 2 股 801 做回針繡
＊眼鏡以 2 股 801 做回針繡

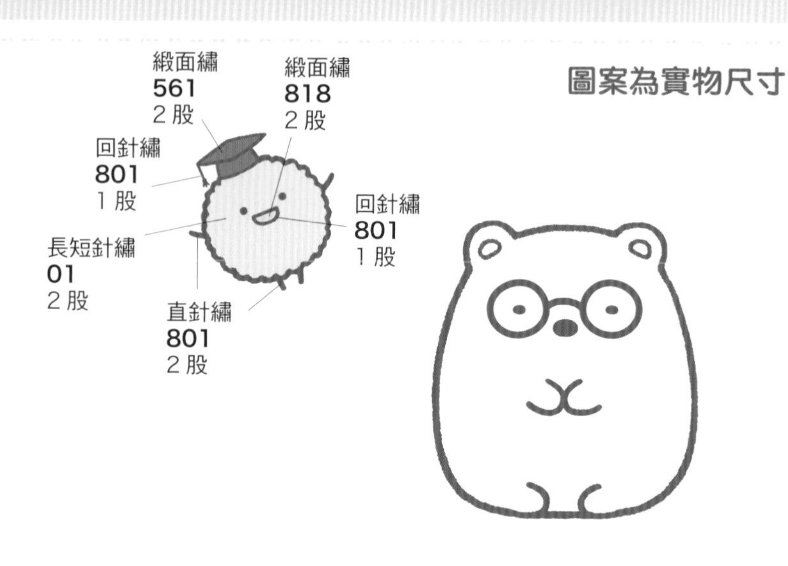
緞面繡
561
2 股
緞面繡
818
2 股
回針繡
801
1 股
回針繡
801
1 股
長短針繡
01
2 股
直針繡
801
2 股

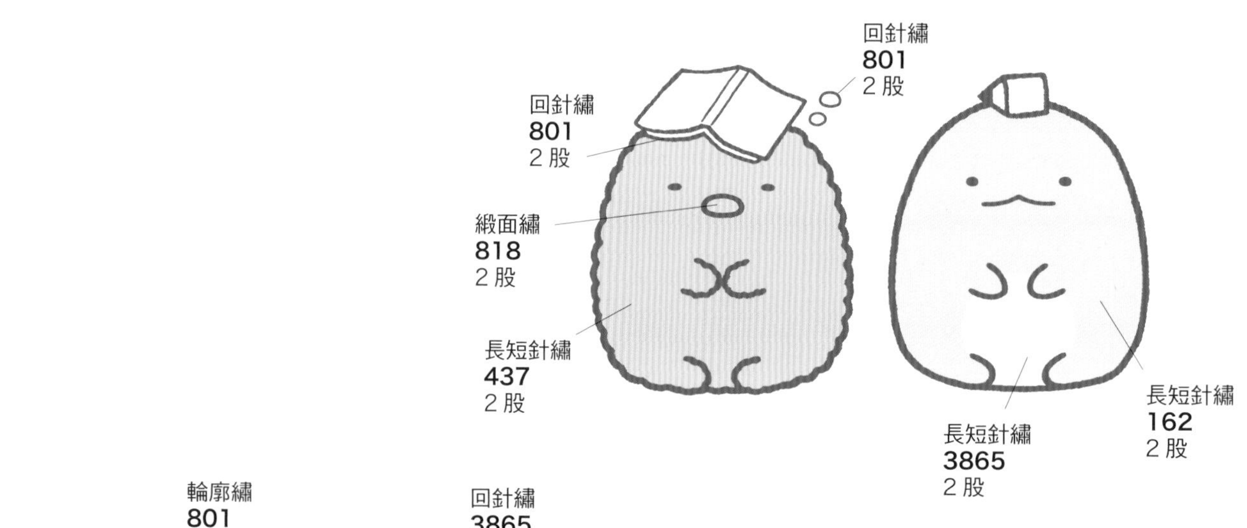
回針繡
801
2 股
回針繡
801
2 股
緞面繡
818
2 股
長短針繡
437
2 股
長短針繡
162
2 股
長短針繡
3865
2 股

輪廓繡
801
2 股

回針繡
3865
2 股
長短針繡
760
2 股

P.20 圖案

底布：織目細密的棉布
繡線：DMC 25 號繡線
色號：B5200、15、608、744、801、818、827、3865

＊數字為 DMC 的繡線色號
＊◯股表示使用幾股繡線

＊輪廓線以 3 股 801 做回針繡
＊眼睛、鼻子以 2 股 801 做緞面繡
＊嘴巴及其輪廓以 2 股 801 做回針繡
＊帽子以 2 股 801 做回針繡、帽子的線以 2 股 801 做直針繡

圖案為實物尺寸

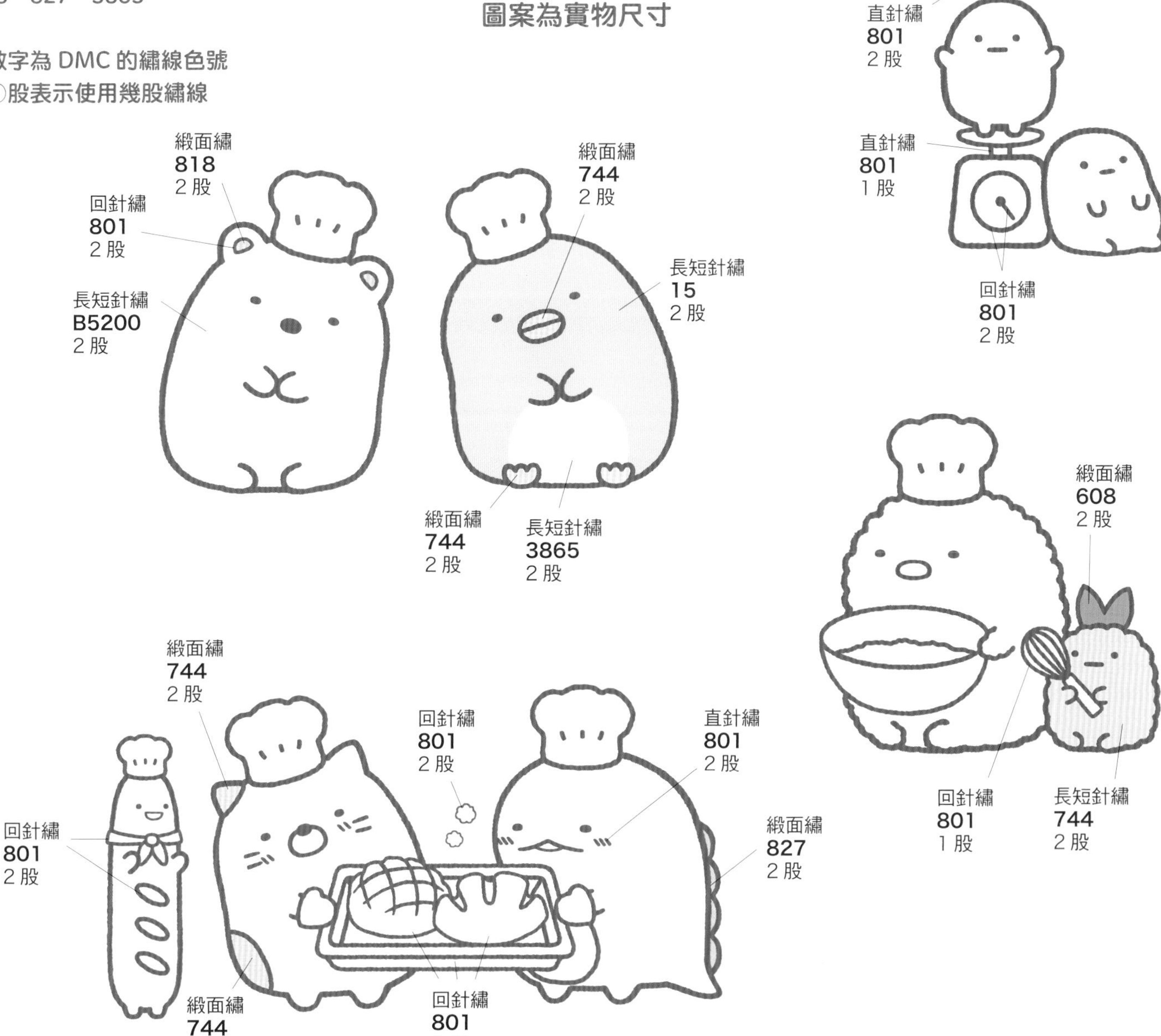
緞面繡 818 2股
回針繡 801 2股
長短針繡 B5200 2股
緞面繡 744 2股
長短針繡 15 2股
緞面繡 744 2股
長短針繡 3865 2股
直針繡 801 2股
直針繡 801 1股
回針繡 801 2股
緞面繡 608 2股
回針繡 801 1股
長短針繡 744 2股
緞面繡 744 2股
回針繡 801 2股
直針繡 801 2股
回針繡 801 2股
緞面繡 827 2股
緞面繡 744 2股
回針繡 801 2股

P.23 圖案 3

表布：棉布・淺黃色點狀花樣・長 50cm x 寬 15cm
裏布：棉布・淺粉紅色素面・長 25cm x 寬 30cm
繡線：DMC 25 號繡線
色號：437、744、746、801
拉鍊（20cm）1 條
緞帶（1.8cm 寬）約 15cm

製作圖示

※裁剪時預留 1cm 縫份

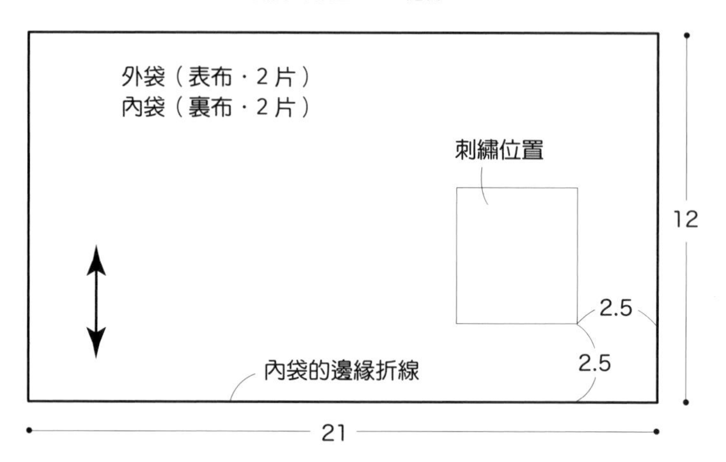

外袋（表布・2 片）
內袋（裏布・2 片）
刺繡位置
12
2.5
2.5
內袋的邊緣折線
21

作法

1 在表布正面完成刺繡

2 將前方表布與拉鍊縫合

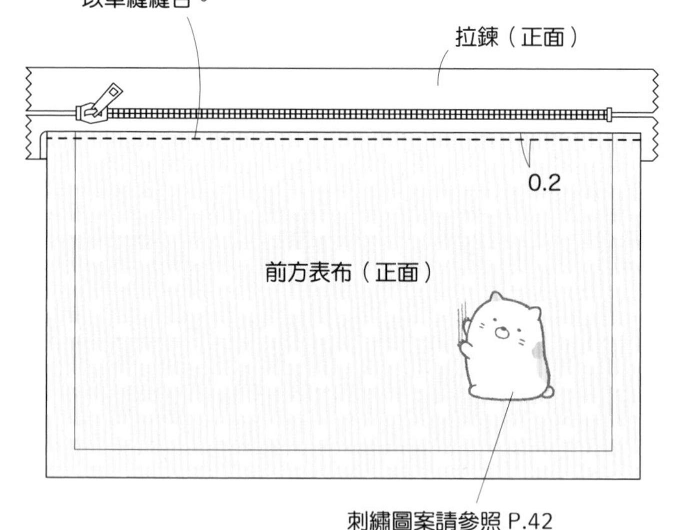

摺出縫份並疊在拉鍊上，
以車縫縫合。
拉鍊（正面）
0.2
前方表布（正面）
刺繡圖案請參照 P.42

3 將後方表布與拉鍊縫合

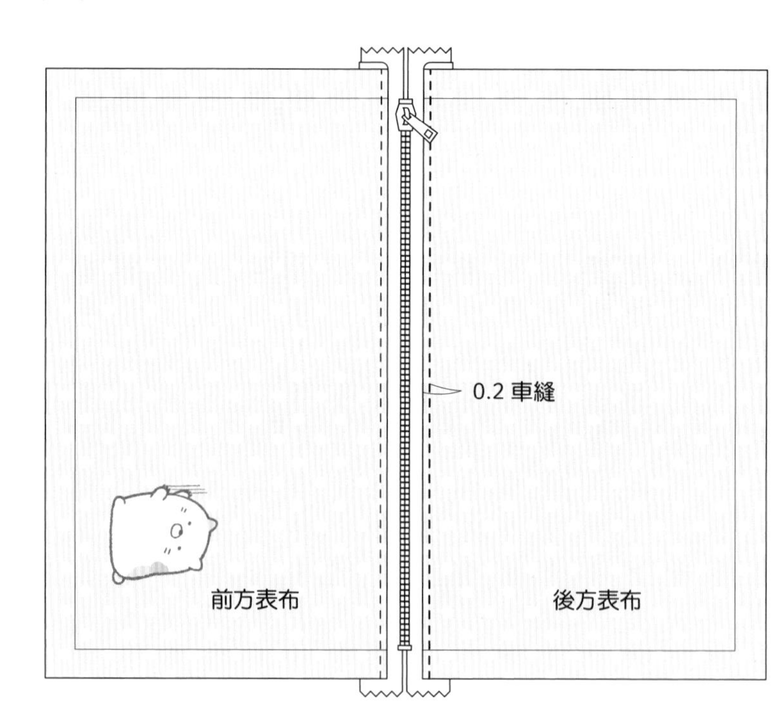

0.2 車縫
前方表布
後方表布

4 將前後表布對齊疊合，縫合周圍。

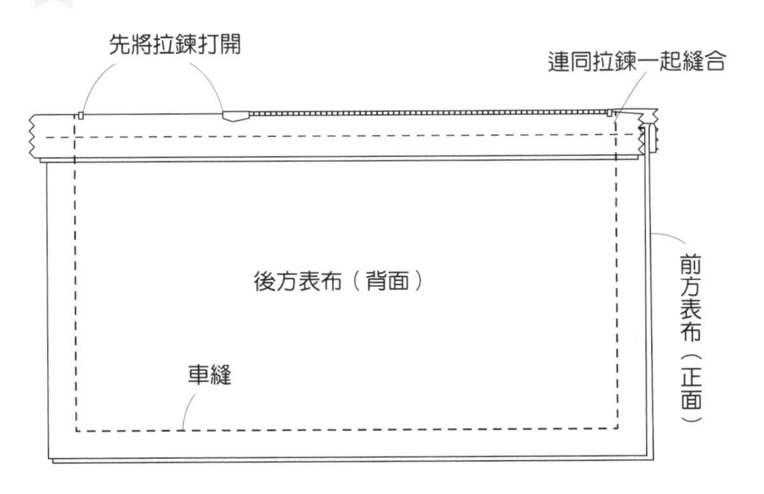
先將拉鍊打開
連同拉鍊一起縫合
後方表布（背面）
前方表布（正面）
車縫

5 將裏布的兩側縫合

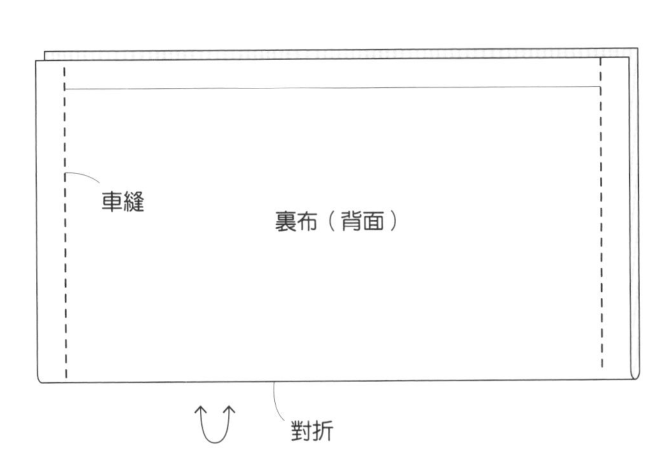
車縫
裏布（背面）
對折

6 將外袋與內袋縫合

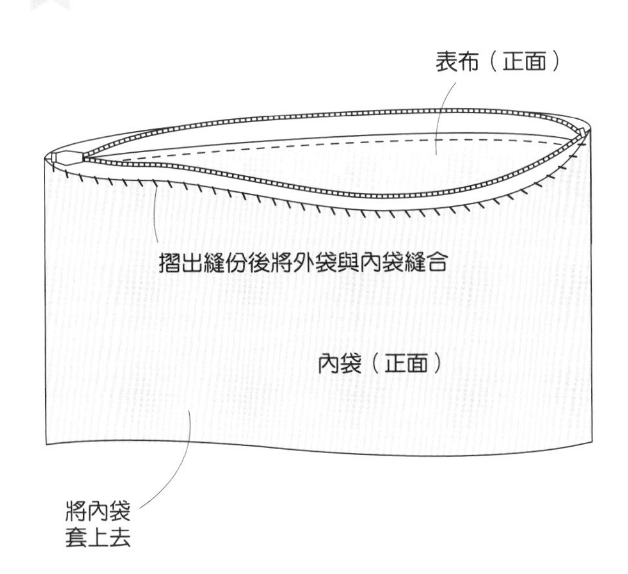
表布（正面）
摺出縫份後將外袋與內袋縫合
內袋（正面）
將內袋
套上去

完成

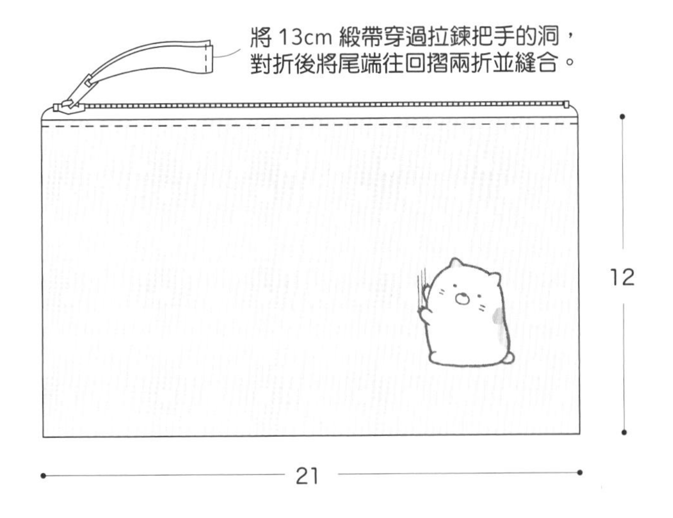
將 13cm 緞帶穿過拉鍊把手的洞，
對折後將尾端往回摺兩折並縫合。
12
21

P.23 圖案 4

表布：棉布・淺黃色點狀花樣・長 35cm x 寬 15cm
裏布：棉布・淺粉紅色素面・長 15cm x 寬 30cm
繡線：DMC 25 號繡線
色號：801
拉鍊（12cm）1 條
緞帶（1.8cm 寬）約 15cm

製作圖示

※裁剪時預留 1cm 縫份

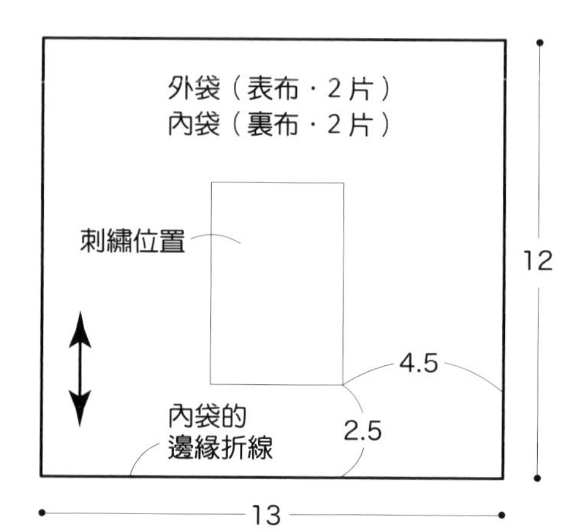
外袋（表布・2 片）
內袋（裏布・2 片）
刺繡位置
12
4.5
內袋的
邊緣折線
2.5
13

作 法

1 在表布正面完成刺繡

2 將前方表布與拉鍊縫合

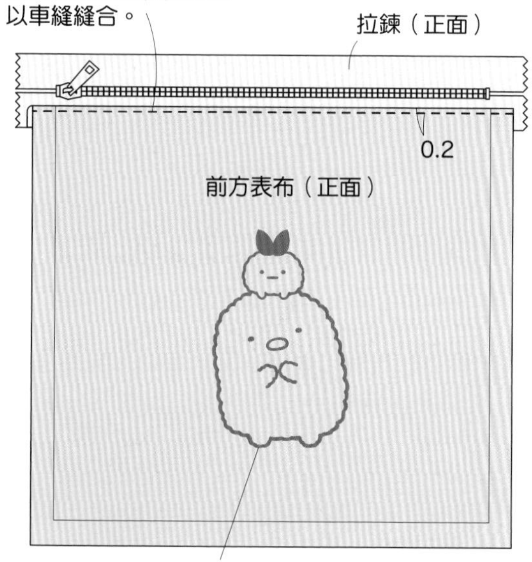
摺出縫份並疊在拉鍊上，
以車縫縫合。
拉鍊（正面）
0.2
前方表布（正面）
刺繡圖案請參照 P.41

3 將後方表布與拉鍊縫合

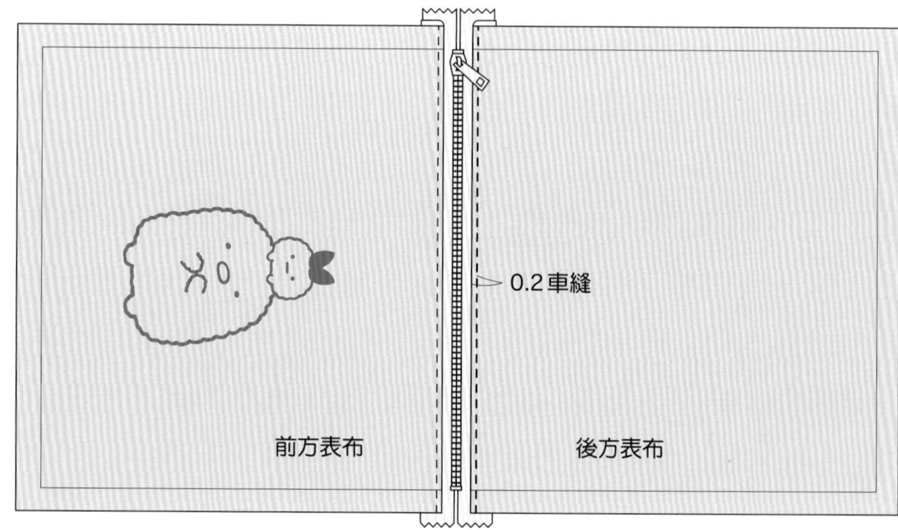
0.2 車縫
前方表布
後方表布

4 將前後表布對齊疊合，縫合周圍。

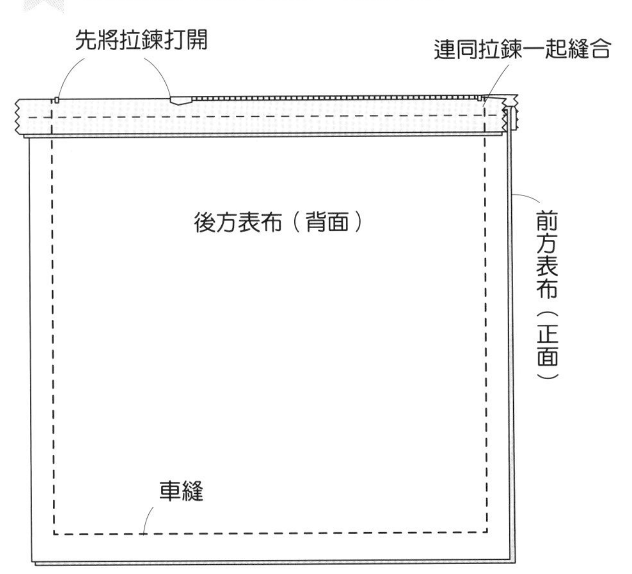
先將拉鍊打開
連同拉鍊一起縫合
後方表布（背面）
前方表布（正面）
車縫

5 將裏布的兩側縫合

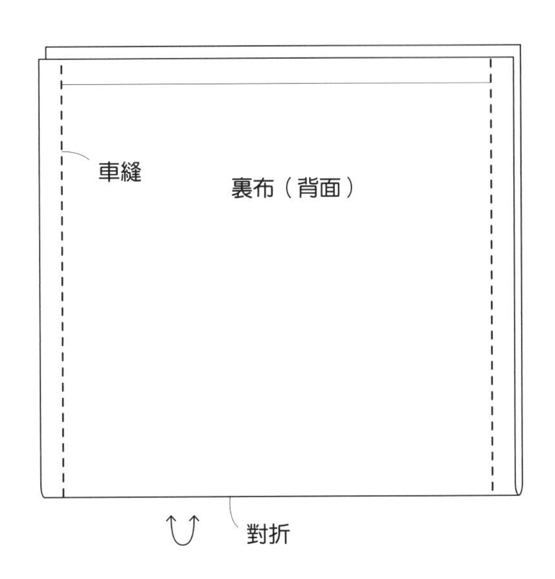
車縫
裏布（背面）
對折

6 將外袋與內袋縫合

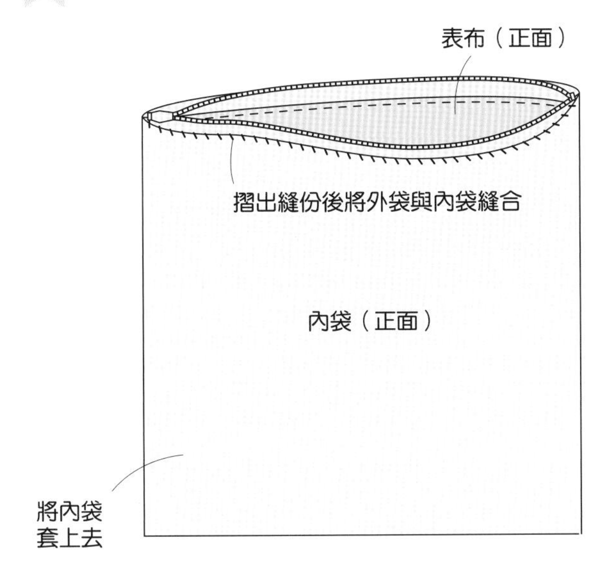
表布（正面）
摺出縫份後將外袋與內袋縫合
內袋（正面）
將內袋
套上去

完成

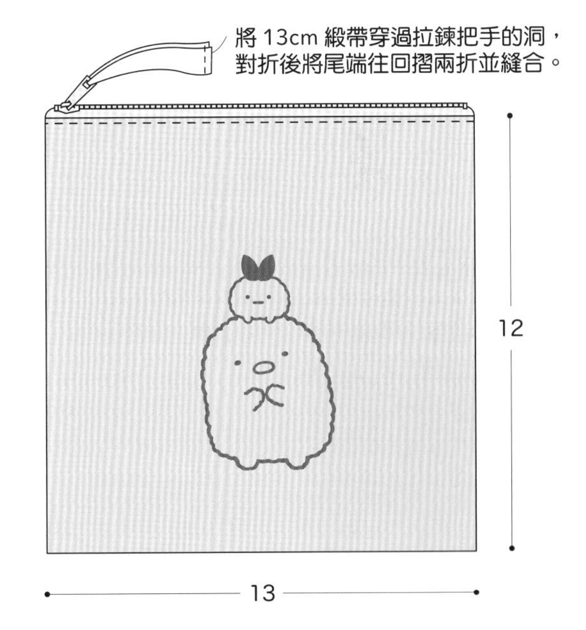
將 13cm 緞帶穿過拉鍊把手的洞，
對折後將尾端往回摺兩折並縫合。
12
13

P.24 圖案 6

表布：麻布・淺黃色素面・長 15cm x 寬 25cm
裏布：棉布・淺紫色素面・長 15cm x 寬 25cm
繡線：DMC 25 號繡線
色號：01、801、818、3078、3811

製作圖示

※裁剪時預留 1cm 縫份

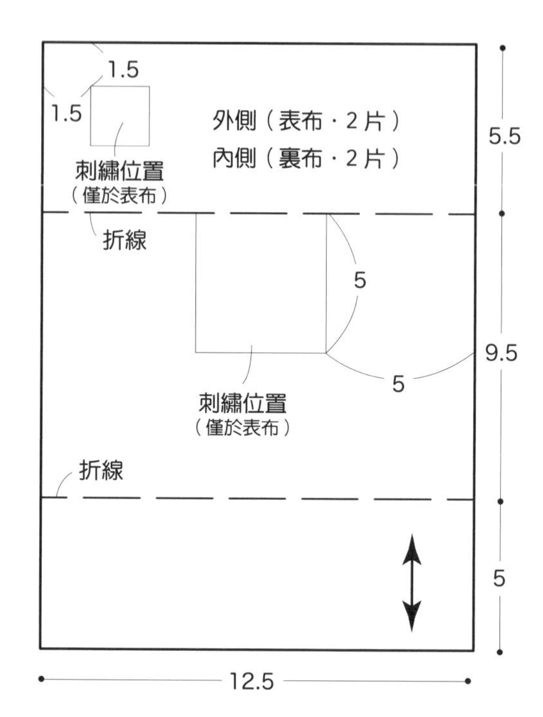

1.5
1.5
外側（表布・2 片）
內側（裏布・2 片）
5.5
刺繡位置
（僅於表布）
折線
5
9.5
5
刺繡位置
（僅於表布）
折線
5
12.5

作法

1 在表布正面完成刺繡

2 將表布與裏布縫合

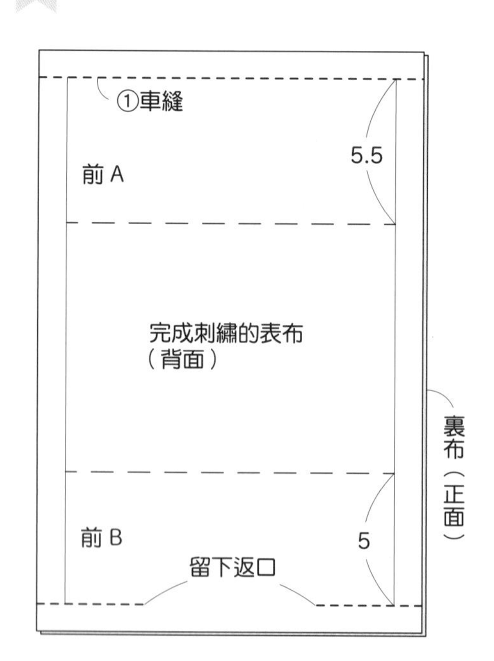

①車縫
5.5
前 A
完成刺繡的表布
（背面）
裏布（正面）
前 B
5
留下返口

3 翻回正面，燙好折線。

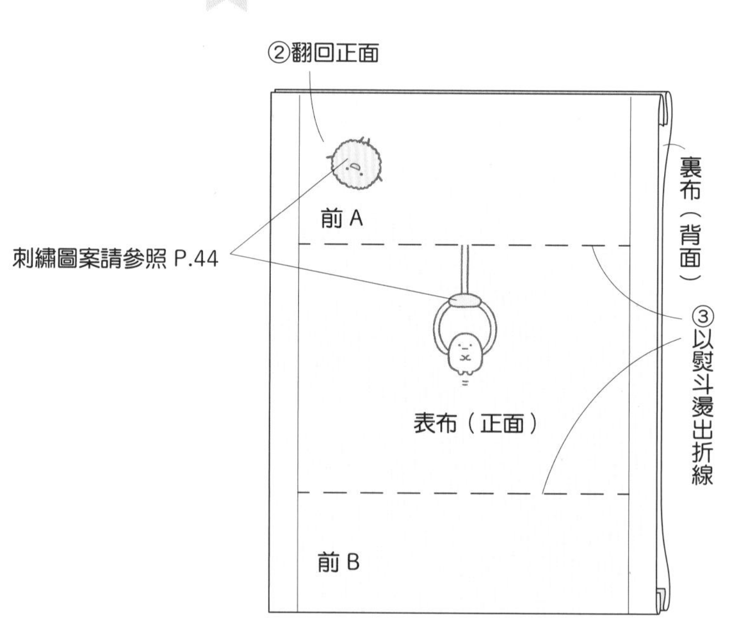

②翻回正面
裏布（背面）
前 A
刺繡圖案請參照 P.44
③以熨斗燙出折線
表布（正面）
前 B

4 翻到背面後做出折線

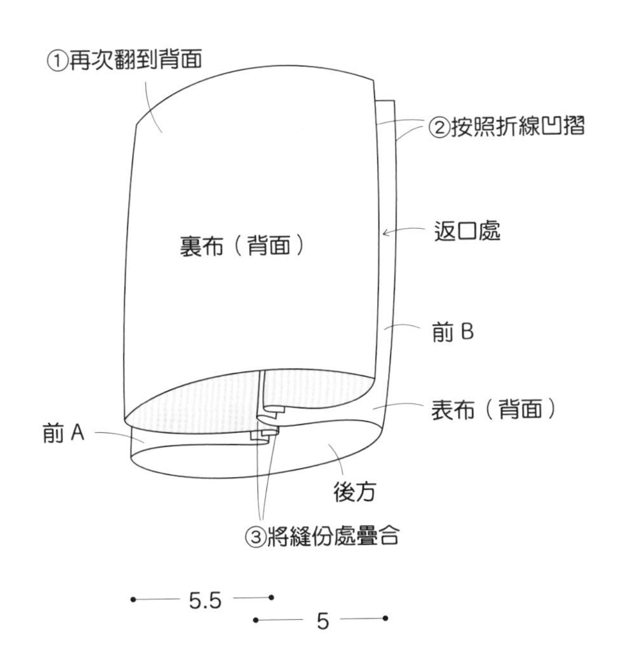

①再次翻到背面
②按照折線凹摺
返口處
裏布（背面）
前 B
表布（背面）
前 A
後方
③將縫份處疊合
5.5
5

5 將兩側縫合

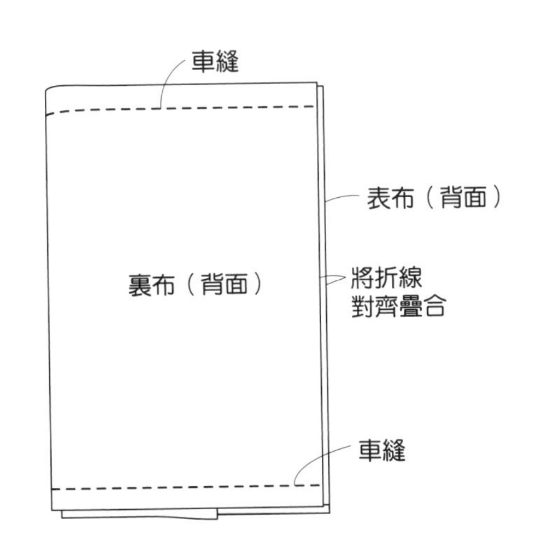

車縫
表布（背面）
裏布（背面）
將折線
對齊疊合
車縫

6 翻回正面

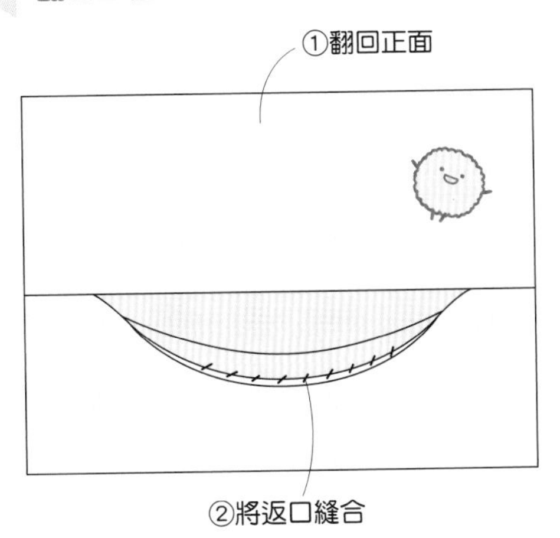

①翻回正面
②將返口縫合

完成

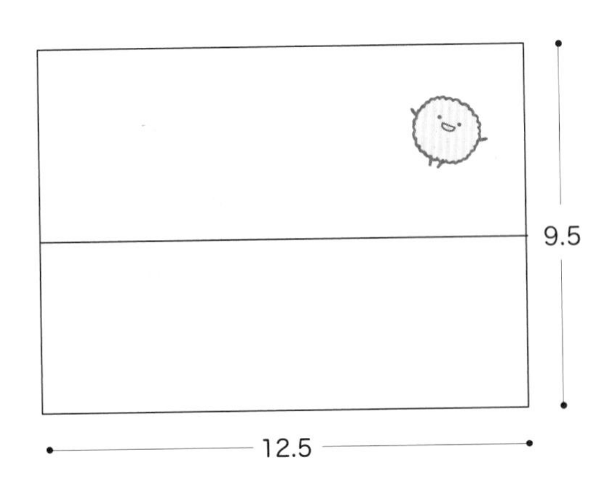

9.5
12.5

P.25 圖案 7

表布：純棉斜紋布・白色・長 70cm x 寬 75cm
繡線：DMC 25 號繡線
色號：01、561、801、818
尼龍織帶（2.5cm 寬）200cm

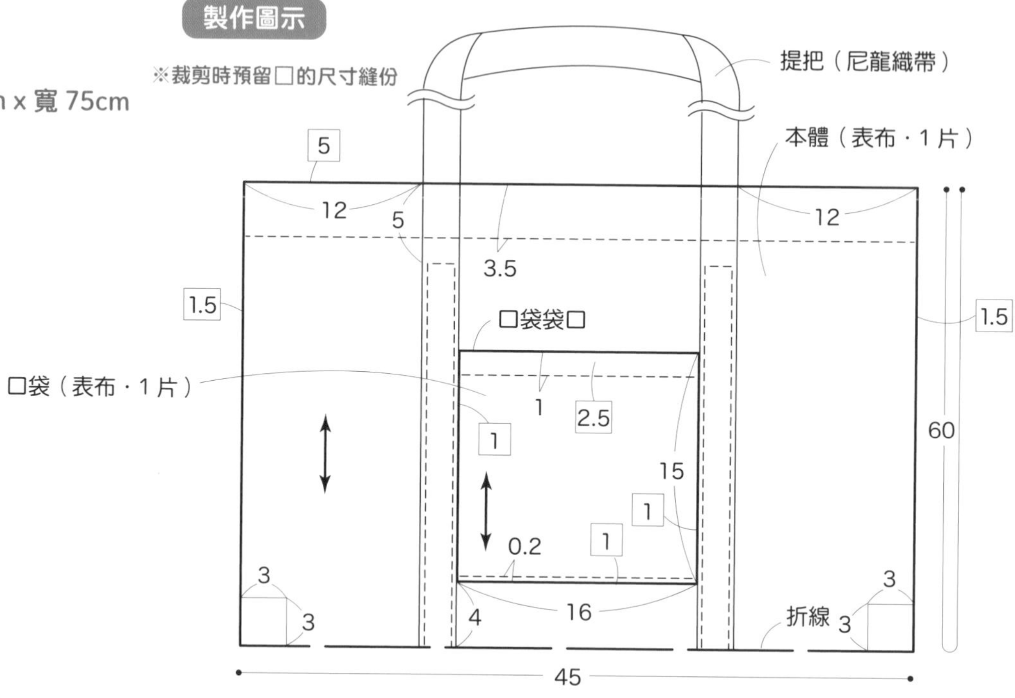

製作圖示
※裁剪時預留□的尺寸縫份
提把（尼龍織帶）
本體（表布・1 片）
5
12
5
3.5
12
1.5
1.5
口袋袋口
口袋（表布・1 片）
1
2.5
1
15
60
1
1
0.2
3
3
4
16
3
折線
3
45

作法

1 在口袋正面完成刺繡

2 製作口袋，並與袋體縫合。

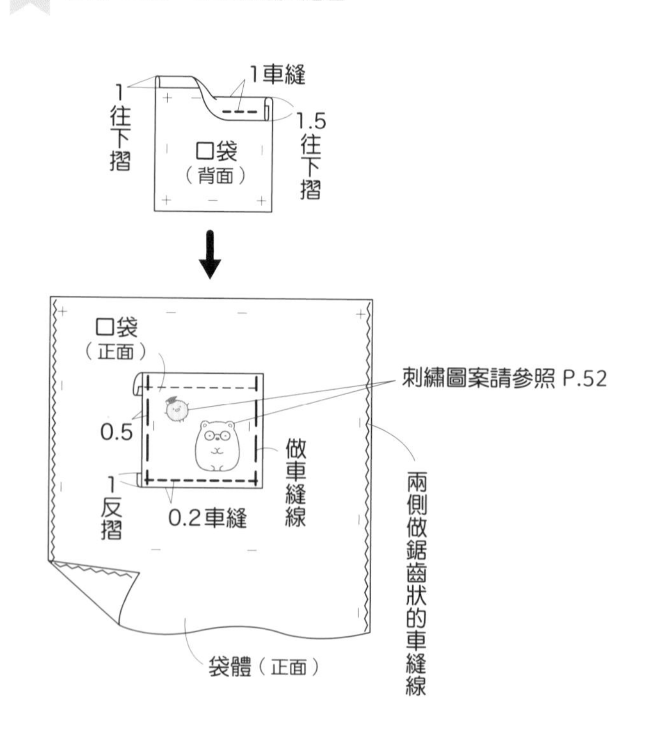

1往下摺
1車縫
1.5往下摺
口袋（背面）
口袋（正面）
刺繡圖案請參照 P.52
0.5
1反摺
0.2車縫
做車縫線
兩側做鋸齒狀的車縫線
袋體（正面）

3 縫上提把

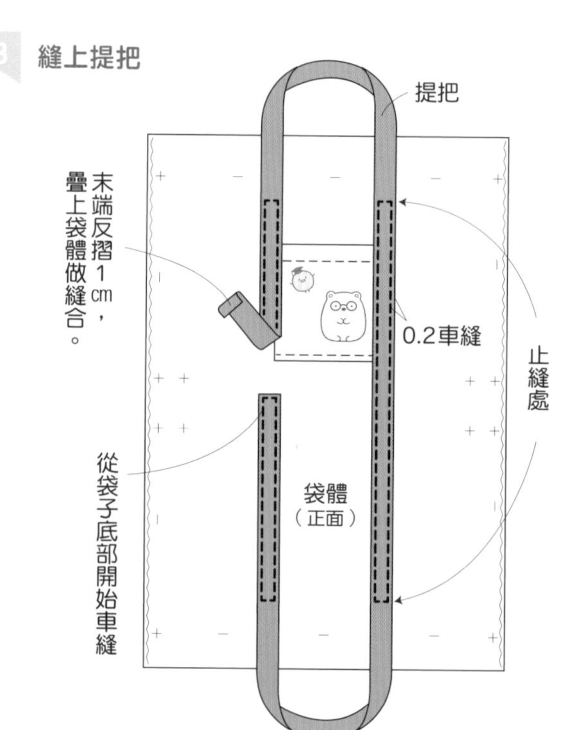

提把
末端反摺 1 cm，疊上袋體做縫合。
0.2車縫
止縫處
從袋子底部開始車縫
袋體（正面）

4 縫合兩側

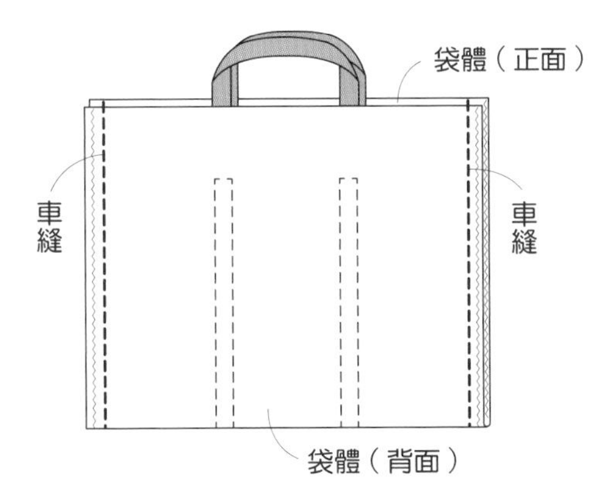

袋體（正面）
車縫
車縫
袋體（背面）

5 縫製袋子的厚度

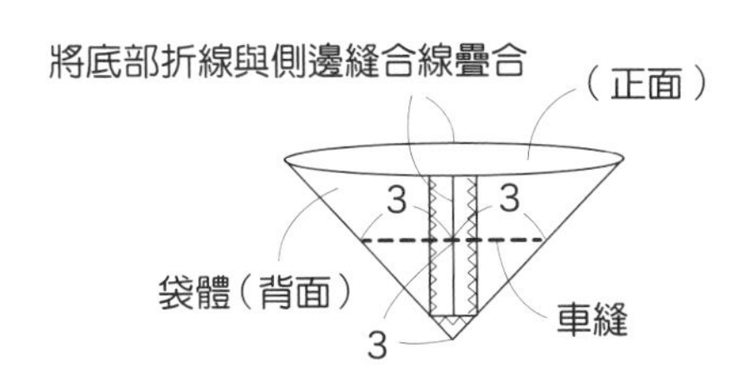

將底部折線與側邊縫合線疊合
（正面）
3
3
袋體（背面）
車縫
3

6 縫製袋口

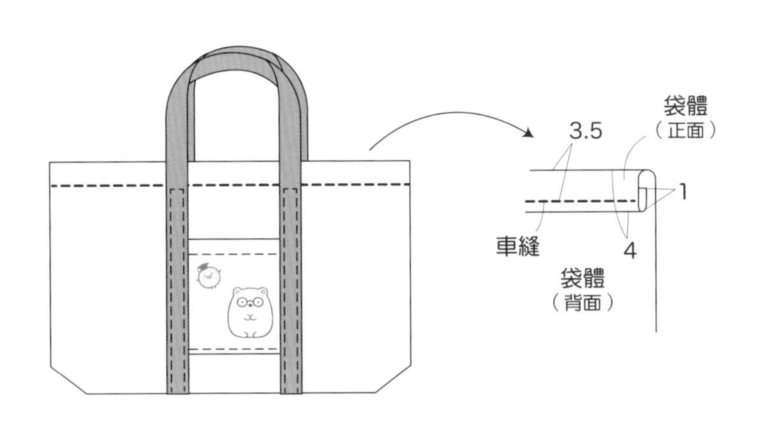

袋體
（正面）
3.5
1
車縫
4
袋體
（背面）

完成

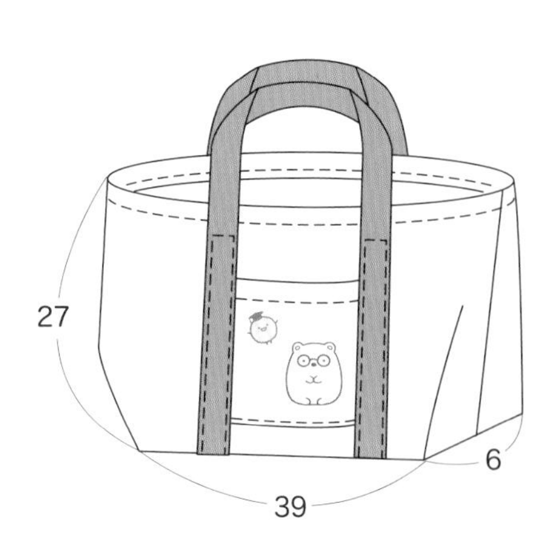

27
6
39

P.26 圖案 9

表布：麻布・淺橘色素面・長 40cm x 寬 20cm
裏布：棉布・淺藍色素面・長 40cm x 寬 25cm
繡線：DMC 25 號繡線
色號：B5200、437、605、746、801、818
天鵝絨緞帶：6mm 寬 24cm 一條

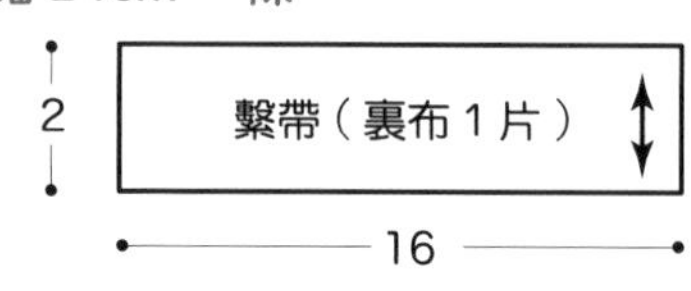

2
繫帶（裏布 1 片）
16

製作圖示

※裁剪時預留 1cm 縫份

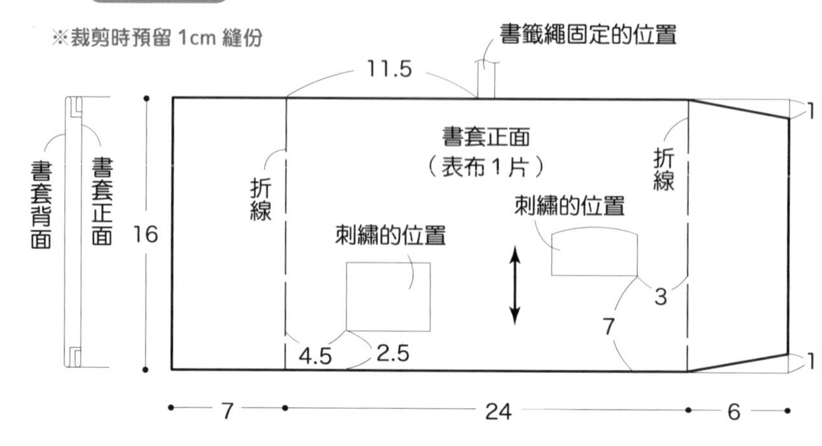

書籤繩固定的位置
11.5
書套背面
書套正面
16
折線
書套正面
（表布 1 片）
刺繡的位置
刺繡的位置
折線
3
7
4.5
2.5
1
1
7
24
6

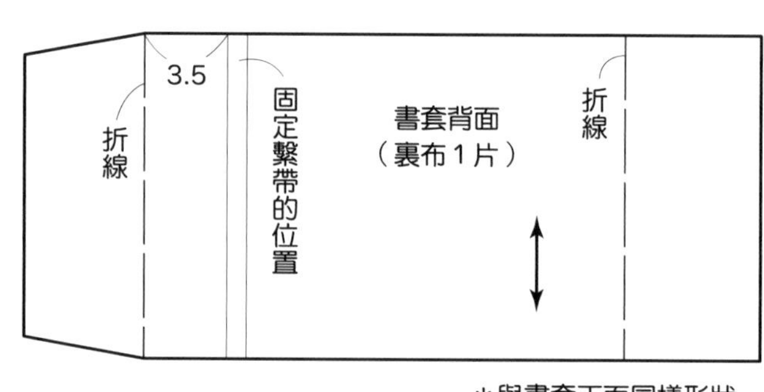

3.5
折線
固定繫帶的位置
書套背面
（裏布 1 片）
折線

＊與書套正面同樣形狀

作法

1 在表布正面完成刺繡

2 製作繫帶

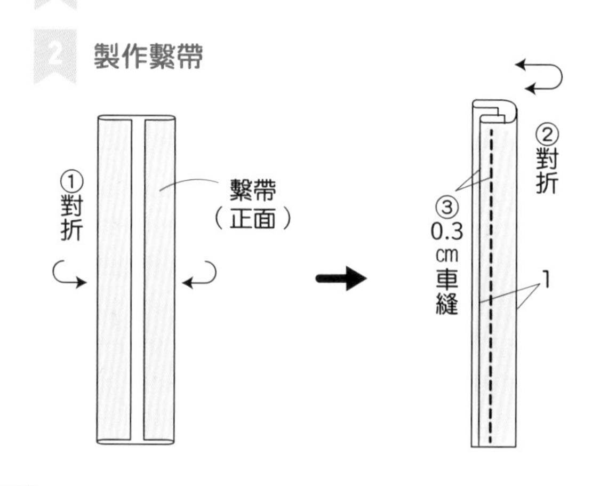

①對折
繫帶
（正面）
②對折
③0.3cm車縫
1

3 將書籤繩縫合固定在書套外側

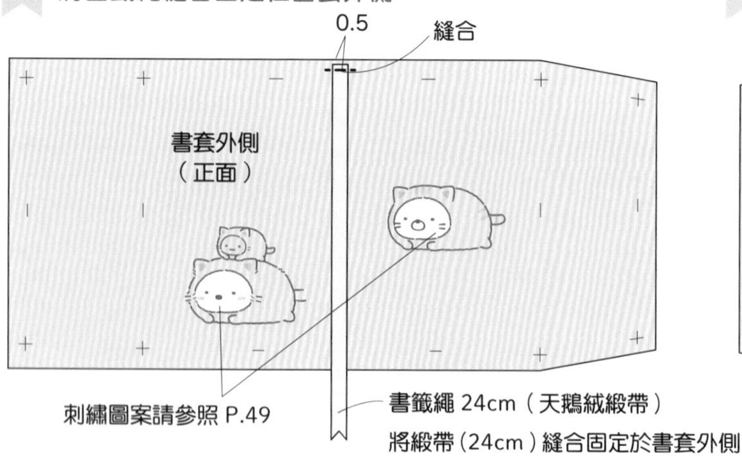

0.5
縫合
書套外側
（正面）
刺繡圖案請參照 P.49
書籤繩 24cm（天鵝絨緞帶）
將緞帶（24cm）縫合固定於書套外側

4 將繫帶縫合固定於書套內側

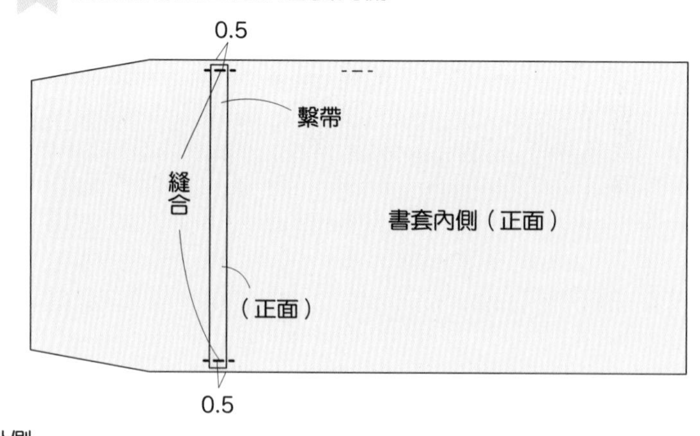

0.5
繫帶
縫合
書套內側（正面）
（正面）
0.5

5 將書套外側與內側縫合

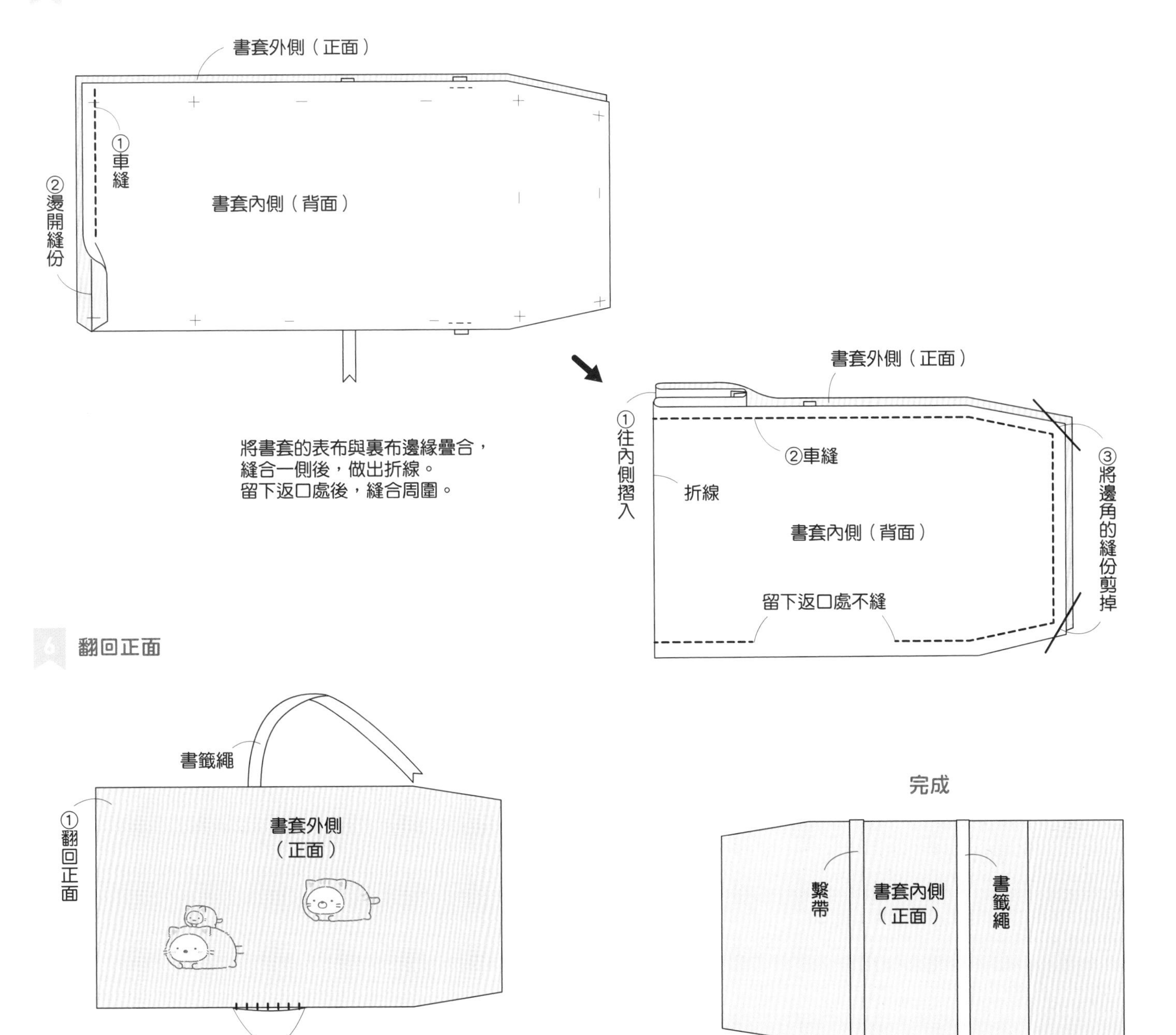
書套外側（正面）
①車縫
②燙開縫份
書套內側（背面）
將書套的表布與裏布邊緣疊合，
縫合一側後，做出折線。
留下返口處後，縫合周圍。
書套外側（正面）
①往內側摺入
②車縫
折線
③將邊角的縫份剪掉
書套內側（背面）
留下返口處不縫
書籤繩
①翻回正面
書套外側
（正面）
②縫合返口
翻回正面後縫合返口
完成
繫帶
書套內側
（正面）
書籤繩

6 翻回正面

P.27 圖案 10

表布：棉布・薄荷綠格紋・長 30cm x 寬 15cm
內襯：長 15cm x 寬 15cm
繡線：DMC 25 號繡線
色號：162、801、827、3865

作 法

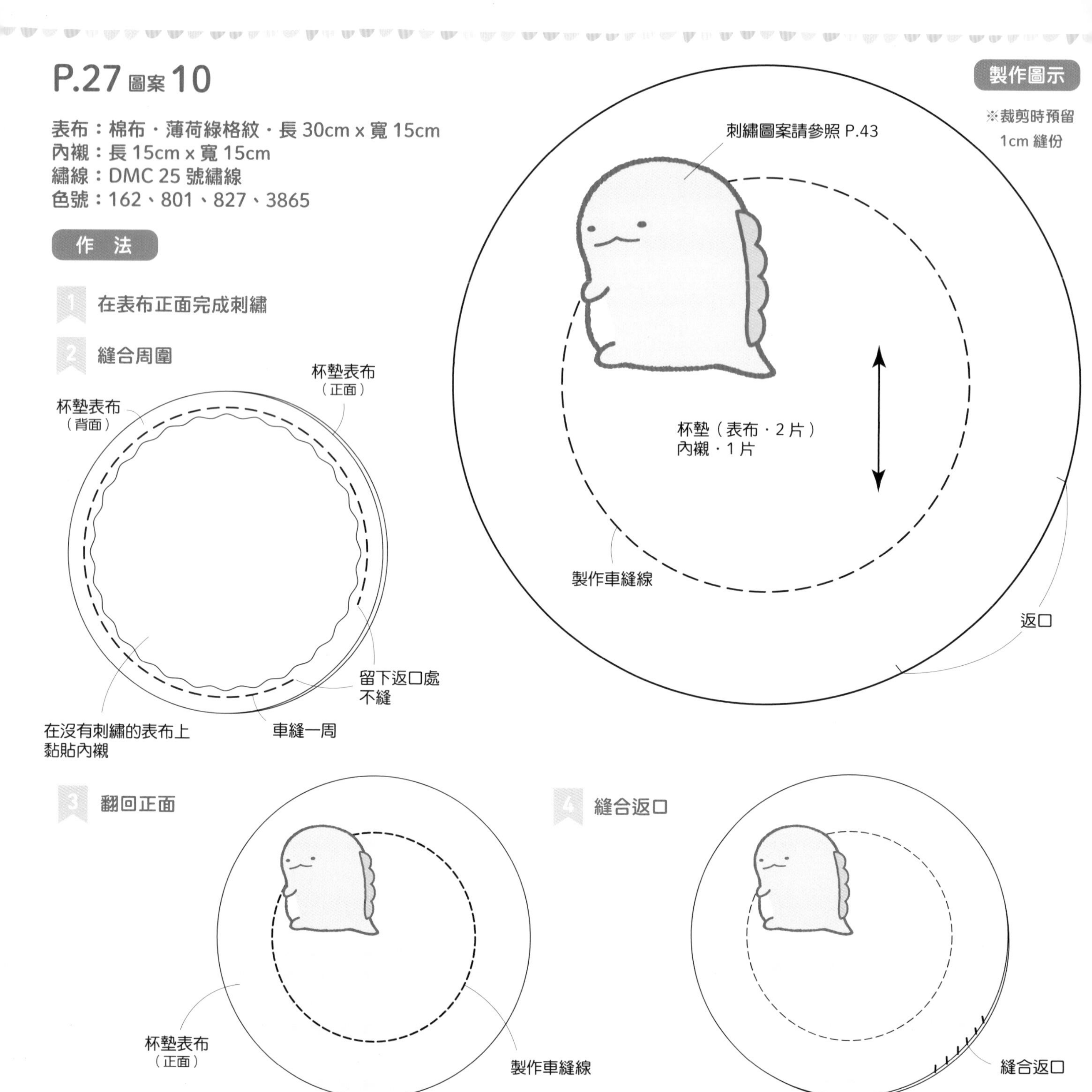

1 在表布正面完成刺繡
2 縫合周圍
杯墊表布
（正面）
杯墊表布
（背面）
留下返口處
不縫
在沒有刺繡的表布上
黏貼內襯
車縫一周
3 翻回正面
杯墊表布
（正面）
製作車縫線
4 縫合返口
縫合返口
製作圖示
※裁剪時預留
1cm 縫份
刺繡圖案請參照 P.43
杯墊（表布・2 片）
內襯・1 片
製作車縫線
返口